01.河北省来源县走马驿镇龙家庄村400年生核桃树；02.核桃雄花芽膨大；
03.核桃雌花开放期；04.绿岭薄皮核桃坚果；
05.绿岭薄皮核桃；06.中林一号；

07.方块形芽接；08.方块形芽接成活状；

09.插皮舌接——削砧木和接穗；10.插接穗；

11.绑扎；12.绑报纸袋、装湿土；
13.套塑料袋；14.改接后；

15. 早实核桃定植当年成活状；16. 早实核桃定植第二年生长情况；

17. 核桃园小管出流节水灌溉；18. 核桃园生草——苜蓿；

19. “核桃”—“苜蓿”—“鸡”模式；20. 黑光灯诱杀趋光性害虫。

绿色优质薄皮核桃生产

李保国　齐国辉　主编

中国林业出版社

内容简介

本书系统介绍了绿色优质薄皮核桃生产的理论和技术，包括绿色食品生产基础、核桃的生长结果习性、主要优良品种、育苗、建园、土肥水管理、低产劣质树改造、花果管理、整形修剪、病虫害防治、采收及采后处理的相关理论与关键技术。本书内容以薄皮核桃绿色优质生产为主线，充分反映了近年来核桃生产技术的发展状况和科研成果，符合当前国内外果品生产发展的总趋势。可供农林院校相关专业师生、核桃科技人员及生产者参考。

图书在版编目（CIP）数据

绿色优质薄皮核桃生产/李保国，李国辉主编．－北京：中国林业出版社，2007.3
ISBN 978-7-5038-4616-8（2009.5 重印）
Ⅰ．绿… Ⅱ．①李…②齐… Ⅲ．核桃—果树园艺 Ⅳ．S664.1
中国版本图书馆 CIP 数据核字（2007）第 024095 号

出版：中国林业出版社
北京西城区德内大街刘海胡同 7 号，100009
网址：www.cfph.com.cn 电话：（010）66124051
发行：新华书店北京发行所
印刷：北京地质印刷厂
版次：2007 年 4 月第 1 版
印次：2009 年 5 月第 4 次
开本：787mm×1092mm，1/16
印张：11
彩插：4 面
字数：210 千字
定价：26.00 元

绿色优质薄皮核桃生产

编委会

主　　编　李保国　齐国辉

副 主 编　王秀江　郭素萍　李群志　张增建

编写人员　（按姓氏笔画排序）

王秀江　齐国辉　李保国　李群志　戎国锋
张增建　汤轶伟　陈利英　杨　磊　赵　辉
贾志华　夏育芳　郭　军　郭向华　郭素萍

前　言

核桃是原产于我国、栽培历史悠久的重要经济树种，是四大干果之一。因其经济、生态和社会效益高，使之成为分布、栽培遍及世界的经济树种，是山区农民脱贫致富的重要支柱产业。

我国是世界上核桃生产量和栽培面积最大的国家，曾经是国际上最大的核桃出口国。但长期以来，由于品种结构不合理以及栽培管理方式落后，低产劣质树所占比例大，造成了质次量低、参差不齐、商品性能差、农药化肥残留量高的局面，近年来出口量已经降到了国际市场交易总量的20%，不足全国总产量的10%，并且出口总量呈连年下降的趋势，在国际市场上的份额占有量远低于美国。

为了恢复我国核桃在国际市场中的优势地位，彻底扭转我国核桃出口量直线下滑的局面，迅速提高核桃的品质，我们先后完成了多项成果，主要有“绿色核桃生产技术体系的研究及示范”、“优质核桃新品种——绿岭选育”、“绿色食品核桃标准化生产技术研究”、“干旱丘陵岗地核桃高效生产技术研究及推广”

等，制定并经技术监督部门颁布了《绿色食品·薄皮核桃》、《绿色食品·早实薄皮核桃生产技术规程》两个技术标准。在此基础上，参考了国内外有关资料，编写了本书。

本书编写过程中，得到了河北省科技厅、河北省林业局、河北绿岭果业有限公司以及临城县科技局等单位领导及有关人员的大力支持，在此一并表示衷心的感谢。由于时间仓促，加之作者水平有限，书中难免有疏漏、不当之处，敬请有关专家及广大读者惠予指正。

作者

2007年1月

目　录

第一章

核桃概说

核桃原产我国，是栽培历史悠久的重要经济林树种之一。它具有适应性强，管理技术较苹果、梨等树种简单，病虫害的种类、数量较少，进入结果期早，早期丰产性能好，经济效益高等优点；核桃的市场销售价格高，在调整造林树种和品种结构、促进农民增收和社会主义新农村经济建设等方面具有重要的作用。

1.1 核桃栽培的意义

1.1.1 核桃树的效益

（1）重要的生态绿化树种

核桃树树体高大，枝干挺立，树冠枝叶繁茂，多呈半圆形，寿命长，具有较强的拦截烟尘、吸收 CO_2 和净化空气的能力，是绿化四旁和行道的好树种。

核桃根系发达、分布深广，可以固定土壤、缓和径流、防止侵蚀冲刷，是绿化荒山、保持水土的优良树种，在“三荒四旁”发展核桃，可以起到良好的水土保持作用；另外，由于核桃生长速度快、成林迅速、净化空气、固定大气中的 CO_2，因此，作为减弱全球温室效应的碳汇植物的效果极其明显。据测定，河北太行山栽植核桃的荒山坡面，年土壤侵蚀模数仅为 186 ~ 370t/($km^2 \cdot a$)，相当于荒山坡面的20%左右。在近几年的太行山绿化工程、退耕还林工程、环京津三北防护林工程等国家重大工程项目中，河北省发展了 50 万亩的核桃生态兼用林，我国其他省份也在国家六大林业重点工程中发展了大面积的核桃生态林，且已经发挥出了减轻水土流失、绿化荒山、净化空气等良好的生态效益。

（2）良好的用材树种

核桃木质地坚硬、纹理细致、伸缩性小、抗击力强、不翘裂、不受虫蛀、光泽美观，是制造高级胶合板、军械及高级家具的良好用材。尤其美国黑核桃，更是材质良好，价值不凡。

（3）良好的经济树种

核桃的树皮、叶、果实青皮等可提炼栲胶；树根可制褐色染料；表皮可提取维生素 B；果壳可制活性炭或作为制作汽车轮胎的橡胶耐磨添加剂；核桃果实营养丰富，是传统的食用干果，具有良好的国内外市场，1t 核桃果实的售价在 1.4 万 ~4 万元。此外，核桃树适应性极强，荒山荒地荒滩均可栽植，可以在不与粮棉争地的情况下，增加需求量日益增大的油料产量。据报道，我国正以每年 $2.67\times10^{3}\sim3.34\times10^{3}km^{3}$ 的速度递减耕地，粮食、油料生产形势十分严峻，粮食、安全生产问题已经引起了国家领导层的高度重视。因此，在目前我国耕地极度紧缺的情况下，利用瘠薄地发展早实薄皮优质核桃生产，对于缓解粮食生产与油料生产占用耕地的矛盾、增加高品位油料原料的产量具有非常重要的意义。

由于核桃具有很高的营养价值和药用价值，在苹果、梨、桃等大宗果品价格趋于下滑的情况下，近年来，核桃市场售价一直是稳中有升；另外，由于核桃适应性强，在不适合发展水果、粮、棉、油料的山区，核桃能正常生长和结果，因此，目前在核桃主产区，核桃已经使部分山区农民脱贫致富。绿色薄皮优质核桃售价是普通核桃的 2 ~3 倍，经济效益更高，绿色薄皮优质核桃生产技术可以做到 4 年生亩产值 4 000 元以上。如果人均一亩核桃林，人均收入就可达到 4 000 元，因此，绿色薄皮优质核桃是山区农民脱贫致富奔小康的支柱产业。据报道，山西黎城县元南村靠发展核桃树，使全村走上致富路。元南村党支部认定全村仅靠单一的农业生产摆脱不了贫困，出路在山。办法就是以大力发展核桃林为主，其他林果为辅，对全村宜林地进行统一规划。10 年来，将核桃林的发展放在首位来抓，实现林种优良化，品种优质化，使核桃林成了该村的“摇钱树”。目前，全村共种植核桃树 1.5 万株，人均 13 株，占该村 400 亩经济林的 80%。人均核桃收入 1 050 元。

1.1.2 核桃果实的价值

核桃果实既有丰富的营养价值，还具有良好的医疗保健作用，在国外人称“大力士食品”、“营养丰富的坚果”、“益智果”；在国内享有“万岁子”、“长寿果”、“养人之宝”的美称。

(1) 核桃仁具有丰富的营养价值

核桃仁是很好的滋补品。核桃仁含蛋白质16g/100g，高于鸡蛋，鸭蛋，豆腐，鲜牛奶；脂肪67g/100g，比大豆，花生，芝麻和油菜籽含油量均高；糖类10g/100g、粗纤维5.8g/100g、灰分1.5 g/100g、热量2.84×10^6J、钙108mg/100g、磷360mg/100g、铁2.9mg/100g。还有锌、锰、铬等微量元素及维生素B_1、B_2、E、胡萝卜素等，其最突出的营养成分是核桃仁中含油量高达70%。据分析，1kg核桃仁的营养价值，相当于9.5kg牛奶，5kg鸡蛋，4kg牛肉，所以，人们称核桃为“养人之宝”，生食甘美适口，炒食齿颊留香。核桃油中的脂肪酸主要是油酸和亚油酸，约占总量的93%。因此，容易被消化，吸收率高。仁中的蛋白质也因其真实消化率和净蛋白比值较高而被誉为优质蛋白。

核桃仁除直接食用外，常作为各种糕点的重要配料，为传统的食品加工原料。

(2) 具有多种保健医疗功能

核桃的药用价值很高，中医应用广泛。我国医学认为核桃性温，味甘、无毒，有健脑、补血、润肺、益胃、养神等功效。前人经验认为核桃“食之令人肥健”（《本草拾遗》），“多食利小便，去五痔”（《开宝木草》）。唐代著名食疗名医孟洗在《食疗本草》中说，核桃仁能通经脉、润血脉、黑须发，经常服用则骨肉细腻光润。明代医学家李时珍在《本草纲目》中说，核桃仁能补气养血、润燥化痰、温肺润肠、止咳润肤。长期以来，我国劳动人民在大量的实践中总结和形成了不少以核桃为主药的药剂、药膳及验方，治疗多种疾病。它涉及到神经、消化、呼吸、泌尿、生殖等系统以及五官、皮肤等科的13大类上百种疾病。

现代医学研究认为，核桃中的磷质，对脑神经有良好保健作用；核桃油含有不饱和脂肪酸，有防治动脉硬化的功效；人体在衰老过程中锌、锰含量日渐降低，核桃仁中含有锌、锰、铬等人体不可缺少的微量元素；铬有促进葡萄糖利用、胆固醇代谢和保护心血管的功能。

现代医学临床报道，用核桃浸酒可治疗胃痛、慢性胃炎、十二指肠溃疡和痉挛性腹痛；用核桃根制剂可作为泻下剂，可用于慢性便秘；核桃仁炒焦研成糊状，可治疗皮炎、湿疹、牛皮癣、白癜风等症；常食核桃不会升高胆固醇，还能减少肠道对胆固醇的吸收，适于动脉硬化、高血压、冠心病患者食用；把核桃研成粉末服用，还可以治疗神经衰弱、失眠症，可松弛脑和神经紧张状态，消除疲劳。

孕妇多吃核桃，可促使婴儿身体发育良好，头顶卤门可提早闭合；核桃仁的丰富营养对少年儿童身体和智力发育有益处，并有助于老年人健康长寿。如，核桃仁的维生素 E 可防止细胞老化和记忆力及性机能的减退；核桃仁中丰富的亚油酸可以软化血管，阻止胆固醇的形成，并使之排出体外，对预防和治疗老年人心血管疾病有良好作用。

现在，随着生活水平的不断提高，人们对核桃的食用方法或医疗用途也越来越多。据有关资料报道，如今以核桃为主的食品、药品约 200 余种。合理食用核桃，对有病者能治病，对无病者能健身。因此，核桃已经成为人民生活不可缺少的重要保健果品。

1.2 核桃的栽培历史及现状

1.2.1 栽培历史

核桃在我国栽培历史悠久。对核桃原产地及栽培历史，国内外学者历来众说纷纭。过去认为核桃原产于亚洲西部，即中亚一带。我国的核桃一直被认为是汉代武帝时张骞出使西域（公元 122 年前后）带回来，故称“胡桃”。引入后在我国黄河流域广泛栽培，故其栽培历史仅有 2000 多年。河北农业大学杨文衡教授在《我国核桃资源》中阐述了普通核桃应是我国原产的根据。据《西安半坡－原始氏族部落遗志》出土的文物显示，核桃栽培距今约 6000 年，经北京农业大学和中国科学院植物研究所孢粉分析后，发现了核桃孢粉。后又在河北省武安距今约 7330 年的原始社会遗址（新石器时代）的出土文物中发现有炭化核桃的标本，经中国科学院植物研究所鉴定为普通核桃，这就证明我国华北、西北栽植核桃已有 7000 多年历史，证明我国也是核桃原产地之一。核桃在亚洲、美洲、欧洲其他国家也广泛栽培，而在非洲则栽培较少。

1.2.2 核桃栽培现状和发展趋势

据联合国粮农组织年鉴 2005 年资料，世界生产核桃的国家为 48 个。核桃产量以亚洲、北美洲和欧洲最多，1996～1998 年 3 大洲的产量占世界总产量的 97.14%（1970～1981 年时占 90.79%），其中，亚洲的总产量最多，南美洲和非洲很少。2005 年世界核桃总产量为 148.5 万 t，中国总产量为 42 万 t。

目前，在世界范围内，核桃生产的发展趋势是：选用多样化的优良品种、采用无公害的栽培方法、研究集约化丰产栽培技术，在此基础上走规模化发展之路。在这方面走在前列的国家有美国、法国等。世界上年产 3 万 t 以上的国家有中国、美国、伊朗、土耳其、乌克兰、印度、法国 7 国，它们的产量之和占世界总产量的 76.98%，堪称世界核桃生产的 7 大台柱。1996 年开始，我国核桃连年稳增，2000 年年产达到 27.22 万 t，美国则年产 25.3 万 t，中国超过美国居世界第一。我国核桃栽培面积约 $6.67\times10^5hm^2$，1.1 亿株，其中结果树约4 000余万株。美国有大面积核桃园 $8\times10^4hm^2$，约 600 万株，我国栽培面积为美国的 8.3 倍，株数则是美国的 18 倍多，确是世界第一。我国年均出口核桃 1 879t，核桃仁 9 125t，折成核桃 2.47 万 t，出口量不足全国产量的 10%。美国平均每年出口 5 万 t 左右的带壳核桃和 1.3 万 t 左右的核桃仁，共计折合核桃 9 万多 t，出口量占年生产量的 36.8%，占世界市场的 60%，出口单价通常比法国核桃高 10%，比我国核桃高 50%。我国核桃有东部沿海、西北黄土区、新疆、华南、西南和西藏 6 个分布区。据《中国农业年鉴 2005》统计，2004 年我国核桃生产省份产量排在前 10 位的分别为：云南 84 433t，陕西 62 453t，四川 56 731t，山西 48 558t，河北 38 401t，甘肃 28 957t，新疆 23 055t，河南 21 652t，辽宁 21 092t，山东 14 394t。其他核桃生产省份还有天津、北京、青海、宁夏、湖北、湖南、广西、贵州、西藏等。我国核桃生产面积大但单产低、质量次、效益差的主要原因是品种和栽培技术落后。突出表现在 5 个方面：

（1）产品档次结构不合理

目前，我国市场上主要是大路货，缺少高档次的精品果，尤其是缺少符合国际标准的优质精品果，因此，在国际市场上缺乏强有力的竞争力。我国核桃年出口量不足全国产量 10% 的主要原因就是商品性能差，果实大小、颜色以及内在品质相差悬殊。

（2）品种落后

目前，我国的核桃生产还未实现品种化和良种化，多数地方还是大面积实生栽培；发展良种也是混合发展，未做到规模发展、单采单收，需要进一步改进。尽管近几年我国选育出了几十个早实核桃优良品种，但是，真正品质优良、皮薄好剥、果面光滑、早期丰产的综合性状优良的品种还是很少。有的早实皮不薄；有的早实、皮薄但不优质；有的优质不早实；还有的早实、皮薄、优质，但是不丰产，因此，品种问题仍然严重制约着我国核桃品质的提高。

（3）栽培技术不平衡

目前，在核桃栽培上采用的技术大多仍是沿用了数十年的技术，所生产的果品质次量大，仍属于数量型生产方式，急需向质量效益型生产方式转变。因此，研究简便易行、标准化优质核桃高效生产技术，对于促进我国核桃生产的发展，建立优质商品核桃生产基地，使我国核桃栽培尽快走上集约化、规模化和高效益的健康发展道路，具有重要的现实意义和显著的带动作用；同时，对于加快高效益绿化速度、实现退耕还林的“稳得住”具有重要意义。

近几年，国内已经出现了不少采用先进技术进行核桃产业化、规模化生产的先进典型。河北绿岭果业有限公司与河北农业大学合作，采用绿色优质核桃配套栽培技术进行核桃生产，在赤壁几十里的干旱丘陵荒岗上，实现了一年栽树、二年见果、三年单株斤果、五年丰产。

（4）果品安全问题直接影响人类健康

为了提高产量，果农们在土壤中使用大量的化学肥料；为了减少病虫对果实及树体的危害，一年中必须喷十几遍各类化学农药来防病治虫；同时，还经常进行叶面喷肥。多种化学肥料的使用，造成了土壤的严重板结，恶化了土壤理化性质；大量喷洒的农药，不仅进入了树体，也有相当大的一部分进入了土壤，同时，也带进了多种过量的重金属元素，污染了树体的生存环境。在这种条件下生产的果品，农药残留量大、化肥污染严重、内在品质下降，严重威胁着人类的身体健康。因此，生产无污染、无残毒的绿色优质果品是世界果树生产上亟待解决的问题。

无公害果品生产是世界果树生产可持续发展的必由之路。随着人民生活水平的不断提高和健康意识的日益增强，对果品质量提出的要求越来越高。在目前国际贸易中，环境管制措施越来越严，标准越来越高，以环境标志为代表的无公害贸易这一非关税壁垒正在构筑，这已经对我国的果品出口带来重大影响。同时，随着我国社会主义市场经济的发展，人民生活水平已由温饱型向质量型转化，安全、优质、营养丰富的无公害果品市场前景广阔。为将我国果品生产的资源优势真正转变为经济优势，全面提升果品栽培的经济效益，使经济发展与环境改善保持协调，应大力发展无公害果品生产。

我国无公害食品研究和生产的历史较短。在农产品质量安全和环境污染备受关注的背景下，20 世纪 80 年代初，由江苏省政府首次提出生产无公害蔬菜，到 80 年代中期以后，无公害农产品开发在全国各地启动。1995 年，深圳就确立了无公害蔬菜产地环境评价的方法，目前，全国已有 16 个省（自治区、直辖市）出台了发展无公害农产品政策、法规、办法和规程。2001 年 4 月下旬，全国正式启动了“无公害食品行动计划”，建起了 100 个国家级无公害农产品基地，并出台了 73 项无公害农产品行业标准。农业部组织实施无公害食品工程至今仅有 10 年多点的时间，但发展速度很快。据 2002 年统计，全国获得无公害食品标志使用权的产品达 890 个，总产量达 6.3×10^6t，环境监测开发面积达 2.14×10^6hm²，与 1990 年相比产品数量增加了 72%，总产量增加51%，开发面积增加75%。全国果品类中有204个产品获得无公害食品证书，产量达149.6万t，种植面积达14.92万hm^2。我国无公害食品的开发亦推动了外向型经济的发展。例如，山东省生产无公害食品的企业就达75家，其中合资企业占45%，并有50余家企业的80%的产品出口创汇。一般无公害生产的果品价格比普通果高1～2元/kg，产品供不应求，具有较好的经济效益。

无公害生产技术的研究，我国最早集中在病虫害防治技术上。1997年，刘志坚发表了“1997年无公害优质苹果病虫害综合防治历”，重点提出了不使用高毒、高残毒、致癌、致畸、致突变的福美砷、1605和杀虫脒等药剂；不使用国家明令禁止使用的化学农药；不用或尽量少用对蚜虫、螨类已产生高抗性的乐果乳剂和氧化乐果等观点。同年，王隆生也提出了“苹果病虫害无公害防治措施”，从搞好病虫检疫、苗木处理、涂料封干、以虫治虫、生物制剂治虫、物理治虫、低毒药物防治、果实套袋以及人工防治等方面论述了苹果病虫害无公害防治的思路。1997年，河北农业大学把苹果套袋技术作为提高红富士苹果果品质量的重大技术开始推广。随后，又有靳爱荣等、冯建国等先后提出了以病虫害防治技术为主体的无公害苹果生产技术。1998年以后，花蕾等报道的无公害苹果生产技术才增加了施肥技术和整形修剪技术。但是，在其配套技术中尚缺乏环境选择和调控、生态调控、平衡施肥以及激素限制等内容。此外，多数研究是将无公害和优质分开的，极少有优质和无公害统一的配套技术。目前未见核桃无公害栽培技术的报道。

一些发达国家经过多年摸索和实践，在生产无公害食品方面已取得了较成熟的经验。如，欧共体已经分树种出版了无公害果品的生产规范和标准，并大力推行综合果品生产制度（IFP，integrated fruit production），美国也在全国推广无公害栽培（organic fruit growing）。最初，人们只重视产品农药残留量，即果品的无公害性检测，现在扩大到生产地环境质量监测（包括大气、灌溉水和土壤）和生产技术以及采后管理规范化等方面。但是，对于核桃优质绿色栽培理论及配套技术尚无详细的报道，亟待研究。目前，我国的粮油安全生产问题，已经列入了政府工作的重要议程。

（5）产业化生产是我国实现核桃优质高效生产的必由之路

产业化生产是当今市场经济体制下农业生产社会化的必然趋势。实行产业化生产，可以促进优势产业形成较大的规模，从而可以形成专业化的特色市场和销售流通中心，促进销售流通，进一步市场的需求反过来还会促进生产的发展。其次，产业化生产，可以促进先进技术的快速转化推广，从而提高产品质量，形成优质产品生产中心和新技术辐射源，降低生产成本，提高生产经营的经济效益。第三，产业化生产的发展，可以促进产前、产中、产后的物资、信息服务体系的发展与完善，从而降低经营成本，增加收入。第四，产业化生产的发展，可以促进农村劳力的专业化分工，带动第三产业及其他产业的发展，从而带动整个农村经济的振兴。核桃优质高效生产也必须走产业化生产之路。因此，产业化生产体系的研究与建设也迫在眉睫。

1.3 国内外核桃市场状况

据联合国粮农组织年鉴2005年资料，世界核桃总产量为148.5万t，中国总产量为42万t。从消费情况看，1999年世界人均核桃年消费量仅为0.2kg，发达国家和地区多年一直保持在5kg左右，多的在10kg以上；发展中国家核桃的消费水平较低，而我国人均消费量仅为世界平均水平。

近年来，全世界已掀起了一股重新发现和认识植物性食品，尤其是美味可口、富含维生素、低热量、营养成分保留较好的果品的热潮。随着经济收入的增长，果品消费有逐渐增长的趋势，消费者对水果的追求及消费习惯也发生较大变化，已逐步形成求新、求异消费心理，消费优质、高档、名贵果品成为一种时尚。一些新品种果品、错季果品，尤其是优质绿色果品的市场竞争力更加增强，随着经济发展和人民生活水平的提高，我国城乡果品消费数量将进一步增加。核桃果品富含硫胺素等多种维生素，具有安神补脑、养血益气、明目强身、防衰老和心血管疾病等功效，是天然的营养补品，因此，随着经济发展和人民生活水平的提高，其市场将迅速扩大。

核桃是我国传统的出口创汇商品，曾在国际市场上享有盛誉。20世纪60年代我国核桃的出口量占国际市场核桃交易量的50%～60%。20世纪70年代开始，美国核桃产量迅速提高，一跃成为核桃出口大国。我国近年的核桃出口量仅为国际市场核桃交易量的20%左右，不足我国核桃总产量的10%。据联合国粮农组织预测，今后10年核桃需求量将年均递增10%以上。此外，除直接食用外，核桃油还具有很大的市场。因此，核桃产业的市场非常巨大，前景极其光明。目前国内外采用各种科技手段开发核桃食品的热潮方兴未艾。

我国虽然已成为世界最大的核桃生产国，但仍是出口小国。1999年出口仅2.59万t，仅占我国核桃总产量的9.52%。随着经济的发展，人民购买力提高，果品消费市场在扩大。近几年来，新的世界贸易秩序正在变化，日本、韩国、东盟诸国，先后或不同程度地开放了包括果品在内的农产品市场，而非洲、中东、俄罗斯及蒙古等国和地区因果品生产量较小，均为中国果品走出国门提供了市场准入的条件和可能性。中国加入WTO加快了全球农产品贸易的一体化进程，虽然带来了严峻挑战，但同时也为我国劳动力成本较低的劳动密集型绿色优质果品的出口提供了有利的外部条件。

从国内市场看，我国人均核桃的占有量不足0.2kg，仅为美国的2%。随着人们生活水平的提高，核桃的消费量也将逐年增加，根据《九十年代中国食品结构改革与发展纲要》，结合国家核桃出口的发展趋势，预计到2010年，我国年人均核桃消费量将达到0.3kg，2030年达到0.5kg，加上加工等其他消费，核桃市场需求量将是目前的1倍以上。从国内市场的核桃价格看，近20年始终是有升无降，普通核桃从1985年的3元/kg上升到了2005年的15~18元/kg；皮薄质优的“绿岭”核桃卖到了60元/kg，还是供不应求。核桃油一般市场价为60~90元/kg，“晶品”牌有机核桃油售价达到了325元/kg。

第二章

绿色食品生产基础

随着人民生活水平的不断提高和健康意识的日益增强，对食品质量提出的要求越来越高，安全、优质、营养丰富的绿色食品将成为人们消费的主要目标。生产绿色优质食品，是国内外食品生产发展的总趋势，也是农业可持续发展的重要内容。不仅可以满足人民生活的需求，保证人民身体健康，而且，可以保护人类赖以生存的生态环境。

2.1 安全食品概述

2.1.1 有机食品

有机食品是英文 organic food 的直译名，是有机农业的产物。根据国际有机农业联盟（IFOAM，international federation of organic agriculture movement）的定义，有机食品是根据有机农业和有机食品生产、加工标准而生产出来的，经过授权的有机颁证组织发给证书，供人们食用的一切食品。是一类真正无污染、纯天然、高品位、高质量的健康食品，也可称为“生态食品”。AA 级绿色食品在标准上等效采用 IFOAM 的有机食品标准，在英文名称上与有机食品相同。

有机农业的概念于 20 世纪 20 年代首先在法国和瑞士提出。到了 20 世纪 80 年代，随着一些国际和国家有机标准的制定，一些发达国家才开始重视有机农业。有机农业是指在农业生产过程中，遵循自然规律生态学原理，按照国际有机农业技术规范的要求，在生产中不使用化学合成物质，不采用基因工程获得的生物及其产物，利用可持续发展的农业技术，协调好农业生产和环境保护的关系，维持可持续发展的农业生产体系的农业。

有机农业的原则是在农业能量的封闭循环状态下生产，全部过程都利用农业资源，而不是利用农业以外的能源（化肥、农药、生产调节剂和添加剂等）影响和改变农业的能量循环。有机农业生产方式是利用动物、植物、微生物和土壤 4 种生产因素的有效循环，不打破生物循环链的生产方式。

2.1.2 绿色食品

绿色食品源于绿色农业，是我国率先提出的概念，也是世界上第一个由政府倡导开发的食品工程。1992 年 11 月 5 日中国绿色食品发展中心成立，此后，中国绿色食品发展中心在全国设立委托管理机构 36 个，分区域建立了绿色食品产品质量监测机构和绿色食品环境监测机构，形成了绿色食品管理和技术监督网络。1996 年 11 月，国家工商行政管理局核准注册我国第一例产品质量证明商标，即绿色食品标志。至此，我国的绿色食品的标准、质量监测、标志认证体系基本形成。

绿色食品是遵循可持续发展原则，按照特定方式生产，经中国绿色食品发展中心认定，许可使用绿色食品标志的无污染的安全、优质、营养类食品。其产地必须符合绿色食品生产的生态环境标准，其生产、加工必须符合生产绿色食品的操作规程。

根据中国绿色食品发展中心的规定，将绿色食品分为 2 级，即 A 级绿色食品和 AA 级绿色食品。AA 级绿色食品是生产地的环境质量符合 NY/T 391-2000 的要求，生产过程中不使用化学合成的肥料、农药、兽药、饲料添加剂、食品添加剂和其他有害于环境和健康的物质，按有机农业生产方式生产，产品质量符合绿色食品产品标准，经专门机构认定，许可使用 AA 级绿色食品标志的产品。A 级绿色食品是生产地的环境质量符合 NY/T 391-2000 的要求，生产过程中严格按照绿色食品生产资料使用准则和生产操作规程要求，限量使用限定的化学合成生产资料，产品质量符合绿色食品产品标准，经专门机构认定，许可使用 A 级绿色食品标志的产品。

目前，绿色食品的开发和生产覆盖了我国大部分省区，对于促进各地优质农产品基地建设、产品精深加工、农民增收以及区域农业可持续发展发挥了积极作用。

2.1.3 无公害食品

无公害食品源于无公害农业。无公害农业是 20 世纪 90 年代在我国农业和农产品加工领域提出的一个全新概念。指的是在无污染区域或已经消除污染的区域内，充分利用自然资源，最大限度地限制外源污染物质进入农业生产系统，以确保生产出无污染的安全、优质、营养类食品，同时，生产及加工过程不对环境造成危害。

无公害食品是遵循可持续发展的原则，按照无公害食品生产技术规程，产地环境、生产过程和产品质量均符合无公害食品标准及规范，经过专门机构认定，许可使用无公害食品标识的食品。

无公害农产品执行的是国家质检总局发布的强制性标准及农业部发布的行业标准。产品标准、环境标准和生产资料使用准则为强制性国家或行业标准，生产操作规程为推荐性行业标准。

2.1.4 有机食品、绿色食品、无公害食品的不同点

有机食品、绿色食品、无公害食品都是安全食品，安全是这三类食品突出的共性，它们从种植、收获、加工生产、贮藏及运输过程中都采用了无污染的工艺技术，实行了从土地到餐桌的全程质量控制，保证了食品的安全性。但是，他们又有不同点：

（1）标准不同

就有机食品而言，不同国家、不同认证机构，其标准不尽相同。在我国，国家环境保护总局有机食品发展中心制定了有机产品的认证标准。2000 年 12 月美国公布了有机食品全国统一的新标准，日本在 2001 年 4 月公布了有机食品法（即 JAS 法），欧洲国家使用欧盟统一标准 EECNO2092/91 及其修正案和 1804/99 有机农业条例。

我国的绿色食品标准是由中国绿色食品发展中心组织指定的统一标准，其标准分为 A 级和 AA 级。A 级的标准是参照发达国家食品卫生标准和联合国食品法典委员会（CAC）的标准制定的，AA 级的标准是根据 IFOAM 有机产品的基本原则，参照有关国家有机食品认证机构的标准，再结合我国的实际情况而制定的。

无公害食品在我国是指产地环境、生产过程和最终产品符合无公害食品的标准和规范。这类产品中允许限量、限品种、限时间使用人工合成化学农药、兽药、鱼药、肥料、饲料添加剂等。

（2）标识不同

有机食品标识在不同国家和不同认证机构是不同的。在我国，国家环境保护总局有机食品发展中心在国家工商局注册了有机食品标识，中国农业科学院茶叶研究所亦制定了有机茶的标识。2001 年国际有机农业运动联合会（即 IF-

OAM）的成员就拥有有机食品标识380多个。

绿色食品的标识在我国是统一的，也是惟一的，它是由中国绿色食品发展中心制定、在国家工商局注册的质量认证商标。中国绿色食品的标识由三个部分组成，即上方是太阳，下方是叶片，中心是蓓蕾，正圆形，意为保护。

无公害食品的标识在我国由于认证机构不同而不同，山东、湖南、黑龙江、天津、广东、江苏、湖北等省、市先后分别制定了各自的无公害农产品标识，其中，湖北省绿色食品管理办公室拥有的无公害食品标识已在国家工商局注册。

（3）级别不同

有机食品无级别之分，有机食品在生产过程中不允许使用任何人工合成的化学物质；而且，需要3年的过渡期，过渡期生产的产品为“转化期”产品。

绿色食品分为A级和AA级两个等次。A级绿色食品产地环境质量要求评价项目的综合污染指数不超过1，在生产加工过程中，允许限量、限品种、限时间的使用安全的人工合成农药、兽药、鱼药、肥料、饲料及食品添加剂。AA级绿色食品产地环境质量要求评介项目的单项污染指数不得超过1，生产过程中不得使用任何人工合成的化学物质，且产品需要3年的过渡期。

无公害食品不分级，在生产过程中允许使用限品种、限数量、限时间的安全的人工合成化学物质。

（4）认证机构不同

在我国，有机食品的认证机构有两家最具权威性。一是国家环境保护总局有机食品发展中心，它是目前国内有机食品综合认证的权威机构，其次是中国农业科学院茶叶研究所，该所在目前国内茶叶行业中认证最具权威性。另外，亦有一些国外有机食品认证机构在我国发展有机食品的认证工作，如德国的BCS。

我国惟一的一家绿色食品的认证机构是中国绿色食品发展中心，该中心负责全国绿色食品的统一认证和最终审批。

无公害食品的认证机构较多，目前，有许多省、市地区的农业管理主管部门都进行了无公害食品的认证工作，但只有在国家工商局正式注册标识商标或颁发了省级法规的前提下，其认证才有法律效应。

（5）认证方法不同

在我国，有机食品和AA级绿色食品的认证实行检查员制度，在认证方法上是以实地检查认证为主、检测认证为辅，有机食品的认证重点是农事操作的真实记录和生产资料购买及应用记录等；A级绿色食品和无公害食品的认证是以检查认证和检测认证并重的原则，同时强调从土地到餐桌的全程质量控制，在环境技术条件的评价方法上，采用调查评价与检测认证相结合的方式。

2.2 绿色食品生产基地的选择

由于绿色食品是无污染的安全、优质、营养的食品，其产地必须符合绿色食品的生态环境标准，因此，绿色食品生产基地的选择显得十分重要。产地应选择空气清新、水质纯净、土壤未受污染、具有良好农业生态环境的地区，尽量避开繁华都市、工业区和交通要道，多选择在边远省区、农村等。选择绿色食品生产基地时，要注意以下几个方面：

2.2.1 生态环境条件

建立绿色食品生产基地时，应注意选择生态环境良好的区域，要求基地周围 30km 范围内不得有大量排放氟、硫等有毒气体的大型化工厂，尤其是在上风向不得有污染源，不能有大型水泥厂、石灰厂、火力发电厂等大量排放烟尘和粉尘的工厂，森林覆盖率高，远离重要交通干道，附近没有铜矿、硫矿等矿产资源。生产和生活用的燃煤锅炉需要除烟尘和除硫装置。

2.2.2 大气环境条件

绿色食品生产基地大气质量要求稳定，大气环境条件主要考虑总悬浮颗粒物（TSP）、二氧化硫（SO_2）、氮氧化物（NOx）、氟化物（F）、铅（Pb）等 5 个方面。大气环境状况要经过连续 3 a 的抽样观察测定，测定结果要符合国家规定标准（表 2-1）。

表 2-1　绿色食品产地大气质量标准

项　目	日平均	1h 平均
总悬浮颗粒物（TSP）（标准状态），$mg/m^3 \leq$	0.3	—
二氧化硫（SO_2）（标准状态），$mg/m^3 \leq$	0.15	0.50
氮氧化物（NOx）（标准状态），$mg/m^3 \leq$	0.10	0.15
氟化物（F），$\mu g/(dm^2 \cdot d) \leq$	$7\mu g/m^3$	
	$1.8\mu g(dm^2 \cdot d)$	$20\mu g/m^3$（挂片法）

2.2.3 土壤环境条件

绿色食品产地土壤元素要求位于背景值正常的区域，周围没有金属或非金属矿山；土壤肥沃、有机质含量高、土壤质地良好，根系主要分布层的土壤重金属元素和农药残留量要符合表2-2。

表2-2 绿色食品产地土壤环境质量标准及绿岭核桃产地0～40cm土层土壤质量测定结果

项　目	NY/T 391－2000旱田标准			实测平均	实测最高值	污染指数
	pH＜6.5	pH6.5～7.5	pH＞7.5			
镉，mg/kg ≤	0.30	0.30	0.40	0.164	0.186	0.41
汞，mg/kg ≤	0.25	0.30	0.35	0.049	0.056	0.14
铅，mg/kg ≤	25	20	20	15.1	18.4	0.755
砷，mg/kg ≤	50	50	50	13.51	15.5	0.27
铬，mg/kg ≤	120	120	120	65.5	75.2	0.546
铜，mg/kg ≤	50	60	60	15.57	17.3	0.13
pH值				7.89	7.92	

注：果园土壤中的铜为以上标准的一倍。

河北绿岭果业有限公司绿色核桃生产基地0～40cm土层土壤质量连续3 a的监测结果见表2-2。按污染指数 $P_i=C_i/S_i$（式中：P_i——环境要素中污染物 i 的污染指数；C_i——环境要素中污染物 i 的实测数据；S_i 污染物 i 的评价标准）的评价方法计算，各项指标当中，以总铅的污染指数最高，为0.755，也小于1。因此认为，绿岭核桃产地土壤质量良好，污染轻微，完全符合绿色果品生产的要求。

2.2.4 灌溉水条件

绿色食品生产基地要选择地表水、地下水水质清洁、无污染的地区，水域、水域上游没有对该产地构成污染威胁的污染源；灌溉水质量要有保障，不能含有污染物，特别是重金属和有毒物质（如汞、铅、铬、镉、氰等），符合绿色食品水质（农田灌溉水、渔业水、畜禽饮用水、加工用水）环境质量标准，具体指标如表2-3。

河北绿岭果业有限公司绿色核桃生产基地农田灌溉水质量连续3a的监测结果如表2-3所示。在各项指标中，氟化物的污染指数为0.22，总汞的污染指数为0.0113，总砷的污染指数为0.107，总铅的污染指数为0.05，总镉的污染指数为0.1，铬（6价）的污染指数为0.02，全部数值均远小于1，综合污染指数仅为0.381 6。因此认为，绿岭核桃产地农田灌溉水质量极优，完全符合生产绿色果品的要求。

表2-3　绿色食品产地灌溉水质量标准及绿岭核桃产地灌溉水质量监测结果

项　目	NY/T 391-2000 标准	实测平均值	实测最高值	污染指数
pH值	5.5～8.5	7.91	7.95	
总汞，mg/L ≤	0.001	0.000 011 333	0.000 014	0.011 3
总镉，mg/L ≤	0.005	0.000 5	0.000 5	0.1
总砷，mg/L ≤	0.05	0.005 333	0.008	0.107
总铅，mg/L ≤	0.1	0.005	0.005	0.05
铬（6价），mg/L ≤	0.1	0.002	0.002	0.02
氟化物，mg/L ≤	2.0	0.44	0.47	0.22

2.3　绿色食品生产中农药和肥料的使用准则

在农产品生产中，农药是造成食品污染、影响食用安全的主要原因；肥料使用不合理，也会使农产品受到污染。因此，在生产绿色食品生产过程中，应严格遵照绿色食品农药、肥料使用准则。

2.3.1　绿色食品生产中农药使用准则

农业部2000年发布实施了《绿色食品农药使用准则》（NY/T 393-2000），规定了绿色食品农药使用的标准。标准规定：绿色食品生产应从作物—病虫草等整个生态系统出发，综合运用各种防治措施，创造不利于病虫草害滋生和有利于各类天敌繁衍的环境条件，保持农业生态系统的平衡和生物多样化，减少各类病虫草害所造成的损失。

优先采用农业措施，通过选用抗病、抗虫品种，非化学药剂种子处理，培育壮苗，加强栽培管理，中耕除草，秋季深翻晒土，清洁田园，轮作倒茬、间作套种等一系列措施起到防治病虫草害的作用。还应尽量利用灯光、色彩诱杀害虫，机械捕捉害虫，机械和人工除草等措施，防治病虫草害。特殊情况下必须使用农药时，应遵守以下原则：

（1）生产AA级绿色食品的农药使用准则

应首选使用AA级绿色食品生产资料农药类产品。

在AA级绿色食品生产资料农药类不能满足植保工作需要的情况下，允许使用以下农药及方法。

a. 中等毒性以下植物源杀虫剂、杀菌剂、拒避剂和增效剂，如除虫菊素、鱼藤根、烟草水、大蒜素、苦楝、川楝、印楝、芝麻素等。

b. 释放寄生性捕食性天敌动物、昆虫、捕食螨、蜘蛛及昆虫病原线虫等。

c. 在害虫捕食器中允许使用昆虫信息素及植物源引诱剂。

d. 允许使用矿物油和植物油制剂。

e. 允许使用矿物源农药中的硫制剂、铜制剂。

f. 经专门机构核准，允许有限度地使用活体微生物农药，如真菌制剂、细菌制剂、病毒制剂、放线菌、拮抗菌剂、昆虫病原线虫、原虫等。

g. 允许有限度地使用农用抗生素治病，如春雷霉素、多抗霉素（多氧霉素）、井岗霉素、农抗120、中生菌素、浏阳霉素等。

禁止使用有机合成的化学杀虫剂、杀螨剂、杀菌剂、杀线虫剂、除草剂和植物生长调节剂。

禁止使用生物源、矿物源农药中混配有机合成农药的各种制剂。

严禁使用基因工程品种（产品）及制剂。

（2）生产A级绿色食品的农药使用准则

应首选使用AA级和A级绿色食品生产资料农药类产品。

在AA级和A级绿色食品生产资料农药类产品不能满足植保工作需要的情况下，允许使用以下农药及方法。

a. 中等毒性以下植物源农药、动物源农药和微生物源农药。

b. 在矿物源农药中允许使用硫制剂、铜制剂。

c. 可以有限度地使用部分有机合成农药，并按GB 4285、GB 8321.1、GB 8321.2、GB 8321.3、GB 8321.4、GB/T 8321.5的要求执行。

此外，还需严格执行以下规定：

- 应选用上述标准中列出的低毒农药和中等毒性农药；
- 严禁使用剧毒、高毒、高残留或具有三致毒性（致癌、致畸、致突变）的农药（表2-4）；

表 2-4 生产 A 级绿色食品禁止使用的农药

种 类	农药名称	禁用作物	禁用原因
有机氯杀虫剂	滴滴涕、六六六、林丹、甲氧滴滴涕、硫丹	所有作物	高残毒
有机氯杀螨剂	三氯杀螨醇	蔬菜、果树、茶叶	工业品中含有一定数量的滴滴涕
有机磷杀虫剂	甲拌磷、乙拌磷、久效磷、对硫磷、甲基对硫磷、甲胺磷、甲基异柳磷、治螟磷、氧化乐果、磷胺、地虫硫磷、灭克磷（益收宝）、水胺硫磷、氯唑磷、硫线磷、杀扑磷、特丁硫磷、克线丹、苯线磷、甲基硫环磷	所有作物	剧毒、高毒
氨基甲酸酯类杀虫剂	涕灭威（铁灭克）、克百威（呋喃丹）、灭多威、丁硫克百威、丙硫克百威	所有作物	高毒、剧毒或代谢物高毒
拟除虫菊酯类杀虫剂	所有拟除虫菊酯类杀虫剂	水稻及其他水生作物	对水生生物毒性大
二甲基甲脒类杀虫杀螨剂	杀虫脒	所有作物	慢性毒性、致癌
卤代烷类熏蒸杀虫剂	二溴乙烷、环氧乙烷、二溴氯丙烷、溴甲烷	所有作物	致癌、致畸、高毒
阿维菌素		蔬菜、果树	高毒
克螨特		蔬菜、果树	慢性毒性
有机砷杀菌剂	甲基胂酸锌（稻脚青）、甲基胂酸钙胂（稻宁）、甲基胂酸铁铵（田安）、福美甲胂、福美胂	所有作物	高残毒
有机锡杀菌剂	三苯基醋酸锡（薯瘟锡）、三苯基氯化锡、三苯基羟基锡（毒菌锡）	所有作物	高残留、慢性毒性
有机汞杀菌剂	氯化乙基汞（西力生）、醋酸苯汞（赛力散）	所有作物	高毒、高残毒
取代苯类杀菌剂	五氯硝基苯、稻瘟醇（五氯苯甲醇）	所有作物	致癌、高残留
2，4-D 类化合物	除草剂或植物生长调节剂	所有作物	杂质致癌
二苯醚类除草剂	除草醚、草枯醚	所有作物	慢性毒性
植物生长调节剂	有机合成的植物生长调节剂	所有作物	

• 每种有机合成农药（含 A 级绿色食品生产资料农药类的有机合成产品）在一种作物的生长期内只允许使用一次（其中菊酯类农药在生长期只允许使用一次）。

d. 应按照 GB 4285、GB 8321.1、GB 8321.2、GB 8321.3、GB 8321.4、GB/T 8321.5 的要求控制施药量与安全间隔期。

e. 有机合成农药在农产品中的最终残留应符合 GB 4285、GB 8321.1、GB 8321.2、GB 8321.3、GB 8321.4、GB/T 8321.5 的最高残留限量（MRL）要求。

严禁使用高毒高残留农药防治贮藏期病害虫。

严禁使用基因工程品种（产品）及制剂。

2.3.2 绿色食品生产中肥料使用准则

农业部2000 年发布实施了《绿色食品肥料使用准则》（NY/T 394-2000），规定了绿色食品生产中肥料的使用标准。标准规定肥料使用必须满足作物对营养元素的需要，使足够数量的有机物质返回土壤，以保持或增加土壤肥力及土壤生物活性。所有有机或无机（矿质）肥料，尤其是富含氮的肥料，应确定其对环境和作物（营养、味道、品质和植物抗性）不会产生不良后果后，才能使用。

（1）允许使用的肥料种类

①农家肥：由含有大量生物物质、动植物残体、排泄物、生物废物等积制而成，包括堆肥、沤肥、厩肥、沼气肥、绿肥、作物秸秆肥、泥肥、饼肥等。

②商品肥料：按国家法规规定，受国家肥料部门管理，以商品形式出售的肥料。包括商品有机肥、腐殖酸类肥料、微生物肥、有机复合肥、无机（矿质）肥、叶面肥、有机无机肥（半有机肥）、掺合肥等。

③其他肥料：不含有毒物质的食品、纺织工业的有机副产品，以及骨粉、骨胶废渣、氨基酸残渣、家禽家畜加工废料、糖厂废料等有机料制成的肥料。

（2）生产 AA 级绿色食品的肥料使用原则

①必须选用 AA 级绿色食品生产允许使用的肥料种类，禁止使用任何化学合成肥料。

②禁止使用城市垃圾和污泥、医院的粪便垃圾和含有害物质（如毒气、病原微生物、重金属等）的工业垃圾。

③各地可因地制宜采用秸秆还田、过腹还田、直接翻压还田、覆盖还田等

形式。

④利用覆盖、翻压、堆沤等方式合理利用绿肥。

⑤腐熟的沼气液、残渣及人畜粪尿可用作追肥。严禁施用未腐熟的人粪尿。

⑥饼肥优先用于水果、蔬菜等，禁止施用未腐熟的饼肥。

⑦叶面肥料质量应符合 GB/T 17419 或 GB / T 17420 的技术要求。按使用说明稀释，在作物生长期内，喷施二次或三次。

⑧微生物肥料可作基肥和追肥使用。使用时应严格按照使用说明书的要求操作。微生物肥料中有效活菌的数量应符合 NY 227-1994 中 4.1 及 4.2 的规定。

⑨选用无机（矿质）肥料中的煅烧磷酸盐、硫酸钾质量应符合表 2-5 的要求。

表 2-5　煅烧磷酸盐、硫酸钾质量标准

肥料种类	营养成分	杂质控制指标
煅烧磷酸盐	有效五氧化二磷（P_2O_5）≥12% （碱性柠檬酸铵提取）	每含 1% 五氧化二磷（P_2O_5） 砷（As）≤0.004% 镉（Cd）≤0.01% 铅（Pb）≤0.002%
硫酸钾	氧化钾（K_2O）50%	每含 1% 氧化钾（K_2O） 砷（As）≤0.004% 氯（Cl）≤3% 硫酸（H_2SO_4）≤0.5%

（3）生产 A 级绿色食品的肥料使用原则

①必须选用 A 级绿色食品生产允许使用的的肥料种类。如 A 级绿色食品生产允许使用的肥料种类不能满足生产需要，允许按②和③的要求使用化学肥料（氮、磷、钾）。但禁止使用硝态氮肥。

②化肥必须与有机肥配合施用，有机氮与无机氮之比不超过 1∶1。例如，施优质厩肥1 000 kg 加尿素 10 kg（厩肥作基肥、尿素可作基肥和追肥用）。

③化肥也可与有机肥、复合微生物肥配合施用。厩肥 1 000 kg，加尿素 5～10 kg 或磷酸二铵 20kg，复合微生物肥料 60kg（厩肥作基肥，尿素、磷酸二铵和微生物肥料作基肥和追肥用）。最后一次追肥必须在收获前 30d 进行。

④城市生活垃圾一定要经过无害化处理，质量达到 GB 8172—1987 中 1.1 的技术要求才能使用。每年每公顷农田限制用量，粘性土壤不超过 45 000kg，

砂性土壤不超过30 000kg。

⑤秸秆还田：同AA级绿色食品的肥料使用原则中的③，还允许用少量氮素化肥调节碳氮比。

⑥其他使用原则，与AA级绿色食品的肥料使用原则中的4～8的要求相同。

（4）其他规定

①生产绿色食品的农家肥料无论采用何种原料（包括人畜禽粪尿、秸秆、杂草、泥炭等）制作堆肥，必须高温发酵，以杀灭各种寄生虫卵和病原菌、杂草种子，使之达到无害化卫生标准。农家肥料原则上就地生产、就地使用。外来农家肥料应确认符合要求后才能使用。商品肥料及新型肥料必须通过国家有关部门的登记认证及生产许可，质量指标应达到国家有关标准的要求。

②因施肥造成土壤污染、水源污染，或影响农作物生长、农产品达不到卫生标准时，要停止施用该肥料，并向专门管理机构报告。用其生产的食品也不能继续使用绿色食品标志。

另外，在绿色食品生产的整个过程中，还要注意严格控制贮藏和销售过程中的污染，保证采收、贮藏及运输设备卫生、洁净、密闭，减少微生物及外界环境对其进行后期污染。

第三章

核桃的生长结果习性

了解生长结果习性是进行科学栽培管理的基础。每一项栽培管理措施，必须与其生长结果习性相适应，必须做到适地适树、改地适树、适树适管，创造最有利的环境条件，才能达到绿色优质、稳产高效。

3.1 核桃根系的生长习性与利用

根系是树体生长和生活的基础，它对树体起着固定支撑、吸收和输送水分、吸收和输送矿质营养、合成地上部需要的植物激素、贮藏地上部运送来的光合产物等多种作用。“树大根深”、“根深叶茂”的俗语，形象生动地反应了根系与枝叶的关系，充分说明了根的重要性。

3.1.1 核桃根系的类型

到目前为止，核桃的繁殖仍然是以实生繁殖后嫁接良种为主体。因此，核桃的根系基本上属于实生根系。其特点是主根发达，根系较深，生命力强，对环境条件有较高的适应能力。核桃根系包括主根、侧根和须根 3 部分。

（1）主根

由核桃种子的胚根而来的垂直向下的大粗根就是主根。它的作用是固定支持上部的树干和树冠、增加根系的垂直分布深度、产生侧根以及运输根系吸收的水分、养分到地上部等。核桃的主根在不加处理的情况下，生长过于旺盛，影响侧根和须根的形成与生长，尤其是在幼树期，核桃主根上的侧根和须根较少。因此，为了提高苗木栽植的成活率，育苗时常常采取断根措施，促进侧根和须根的形成。

（2）侧根

在主根上发生的向四周延伸的大粗根为侧根。侧根可增加根系的水平分布范围，与主根共同构成根系的骨架，与主根具有相同的作用。树体在水平范围内对土壤水分和营养的吸收利用程度，取决于侧根的发育程度。

（3）须根

在主根和侧根上形成的粗度2mm以下的细根统称为须根。须根是根系中最活跃的部位，可促进根系向新土层的推进，既是根系的伸长生长部位，又是根系从土壤中吸收水分和养分的部位。土壤中的水分和养分是靠直径1mm以下的细根（根毛和吸收根）吸收的。因此，在栽植时，要求苗木上尽量多带些须根。核桃树的须根有60%集中分布在20~80cm的土层中。须根的集中分布区是施肥灌水的重点区域。

此外核桃还有菌根，其长度是正常吸收根的1/8，粗度是正常吸收根的1.3倍，集中分布在5~30cm的土层中。土层含水量为40%~50%时，菌根发育最好。菌根对树高、干径、根系和叶片的发育状况均有促进作用。

3.1.2 核桃根系的分布特征与栽培

（1）核桃根系的垂直分布特征与栽培

核桃为深根性树种，主根发达，一般在土肥水条件良好时，成年树主根可达6m以上。但在土层较薄而干旱或地下水位高的地方，根系分布的深度减少。根系垂直分布的深浅决定其对深层土壤中养分、水分的利用程度。分布越深，利用程度越高。此外，分布越深对地上部的支撑性能越强。因此，为了促进核桃根系的加深分布，在栽植前一定要进行充分的整地改良，加深活土层到1m以上，为核桃根系的加深生长创造有利的条件。在施肥灌水时，一定要达到核桃须根的主要分布区。施有机肥时，一定要使其达到60cm。

核桃在幼苗时，垂直根比地上部生长快，一年生核桃苗主根的长度为干高的5.33倍。二年生幼树主根的长度为干高的2.21倍。因此，为了促进地上部的生长，常在幼苗期切断主根，从而促进侧根生长。成年核桃树根系的垂直分布主要集中在20~80cm的土层中。

核桃根系的分布状况常因土壤条件不同而有所变化，在黄土、褐土中根深树壮，而在棕壤、棕壤下为石块或粘壤土中根浅树弱。因此，栽植应选壤土并且土层深厚的地方或深翻土层。这样均有利于根系的加深生长。

（2）核桃根系的水平分布特征与栽培

核桃侧根水平延伸较远而且须根多。侧根水平延伸可达14m。根冠比（根幅直径/冠幅直径）通常为2左右。须根的主要水平分布区在树冠外沿的垂直投影以内1~1.5m，树冠外沿下最多。因此，施肥时应重点在此部位。每年施有机肥时沿树冠外沿向内开沟，采用环状沟施，只施外围，逐年外移；采用放射状沟施时，也是内浅外深，内少外多；穴贮肥水时也是在树冠外沿下开穴。

3.1.3 核桃根系的生长特征与栽培

（1）核桃根系的生长动态

①年生长动态：核桃根系的生长与其他果树一样，没有自然休眠，只要温度和水分等条件适宜，周年均可生长。核桃根系生长的起始温度为8～10℃，适宜温度为18～23℃，最高温度为28～30℃。在温度、水分满足需要的情况下，核桃根系生长的快慢受营养条件的制约。一般情况下，核桃根系在一年中有三次生长高峰，第一次在萌芽后到春梢旺盛生长期，河北邢台地区大约到5月中旬；第二次是在春梢停长到核桃硬核期，河北邢台地区大约在6月下旬到7月上旬；第三次是在核桃采收后，此次核桃根系的生长量最大，河北邢台地区大约在9月中旬。在不同深度土层中，根系生长也有交替现象。因此，一年中施肥最好选在根系生长高峰前进行。一是施肥作业断根可以很快恢复；二是肥料中的养分可以迅速被新根吸收，利用率高，损失少。

②一生中的生长动态：核桃根系在播种后1～2年内，垂直根生长很快，水平根和地上部生长缓慢；三年以后根系的水平生长加快，地上部分生长也随之加快，至树冠最大时，根系也相应分布最广。群众形象地比喻为“先坐下来，后站起来”。

核桃根系的生长与品种类群密切相关，一般而言，早实核桃比晚实核桃根系发达。幼龄树表现尤其明显。据观察，二年生早实核桃比晚实核桃根系总数多1.9倍，根系总长度多1.8倍，细根的差别更大，这是早实核桃的一个重要特性。发达的根系有利于对养分和水分的吸收，有利于树体内营养物质的积累和花芽的形成，从而实现早结实、早丰产。

当外围枝叶开始枯衰、树冠缩小时，根系生长也减弱，且水平根先衰老，最后垂直根衰老死亡。因此，要注意根系的适当更新复壮。

③昼夜生长动态：一般情况下，核桃根系的夜间生长量均大于白天，这与夜间由地上部转移至地下部的光合产物多有关。因此，在允许的昼夜温差范围内，提高昼夜温差、降低夜间呼吸消耗，能有效地促进根系生长。灌水宜选在下午或傍晚进行。

（2）核桃根系的生长与施肥

①核桃根系的生长与施肥时期：核桃根系旺盛生长期形成的根毛及吸收根最多，吸收能力最强，此期施肥，吸收效率最高。另外，此期根系的愈合再生

能力最强，施肥断根后能迅速再生出更多的吸收根。因此，土壤改良和有机肥的施用一定要选在核桃根系的生长高峰期，最好在核桃采收后立即进行。平时化学肥料的追施，也要选择适宜的时期。

②施肥对根系生长的影响：核桃根系的生长具有趋肥性，即在同一地块上或同一植株上，肥沃的土壤中根量大，生长好；瘠薄的土壤中根量少，生长差；核桃的根系会自动追踪肥料而生长。因此，施肥会诱导根系的分布。施肥时要注意把肥料施在适宜根系生长的土层中。如果有机肥施用过浅，即0～20cm内，会造成根系上翻，分布过浅。而浅层土壤的环境条件最不稳定，冬天最冷会结冰冻结；夏天最热会超过30℃；干旱时此层表现最旱；最不适于根系生长。

根系的生长具有补偿性，即在一个植株上，如果一部分根系处于条件特别不好的条件下，而另一部分根系处于条件相对较好的土壤上，则处于条件相对较好的土壤上的这部分根系会异常生长，吸收养分和水分的功能也非常强，从而对处于条件特别不好的土壤上的那部分根系损失的根量与功能进行补偿，有人研究2/3的根系可以起到95%根系的作用。利用这一道理，在施肥时可以采用集中施肥的措施，以减少用工和提高肥效。

(3) 根系的生长与其他管理

春季发芽前，根系处于恢复生长阶段，应注意松土覆膜等，以提高地温，促进根系的生长与吸收。尤其新栽幼树，一定要覆膜。成树在萌芽前，尽量晚浇第一水或提早到土壤刚解冻时灌第一水。高温干旱季节，除适量灌水外，还应地面覆草等，以降低地温。秋季除施肥外，还要注意灌水，促进根系对营养的吸收，增加树体内的贮藏营养。此外，在幼树期，为了尽快扩大树冠，必须采取深耕、扩穴、增施有机肥等改良土壤的措施，促成强大的根系。

3.1.4 核桃根系生长对土壤环境条件的要求

核桃根系生长除依赖于地上部运来的有机营养外，尚需要维持一定的土壤温度和水分条件。如前所述，温度过高过低都会影响核桃根系的正常生长，一般其生长的最适温度低于枝条生长的最适温度。核桃根系对土壤水分的适应范围较广，在田间最大持水量的55%～90%范围内均可正常生长，最适为田间最大持水量的60%～80%。土壤水分过低时，吸收根迅速老化并大量死亡。但轻微的干旱可改善土壤的通气状况，拟制地上部的生长，使较多的有机营养运到根部，有利于根系的生长发育。土壤水分过多时，则通气不良，甚至引起有害气体的积累而使根系中毒。土壤中调节水分与空气比例的是土壤孔隙，细小的孔隙称为毛管孔隙，它是贮存和运送土壤水分的孔隙，对核桃根系来说，其比例以30%～35%为宜；粗大的孔隙是空气孔隙，是土壤空气流通的空间，其比例以10%以上为宜。土壤孔隙的多少与比例，决定于土壤质地以及肥沃程度，肥沃的土壤含有机质多，形成的团粒结构多，孔隙度大并且比例适宜，瘠薄的土壤则相反。壤质土和沙壤土是最好的肥沃土壤，粘重土壤通气不良，沙土毛管孔隙太少，均应改良后才适于核桃根系的生长。

3.2 核桃枝、芽、叶的生长习性与利用

3.2.1 核桃枝条的特性与利用

（1）核桃枝条的种类

核桃的枝条按年龄可分为一年生枝、二年生枝和多年生枝。一年生枝又可分为生长枝、雄花枝、结果枝和结果母枝。一年生枝是树冠扩大和结果的基本枝类，它们在管理上是最重要的枝类。

①生长枝：在生长季节只着生叶片不开花结果的枝条。依其长度可分为短枝、中枝和长枝。其中长枝可分为发育枝和徒长枝。发育枝由上年的叶芽发育而来，此类枝是扩大树冠、增加营养面积和形成结果枝的基础。着生于树冠内膛的健壮生长枝当年可以成花，来年抽生结果枝并开花结果。弱小枝则不能成花，来春仍只抽枝不开花结果。幼树期抽生的生长枝较多，上产量较快；随着树龄的增长，抽生生长枝的能力降低，抽生枝条的粗度和长度也减少。而徒长枝多由树冠内膛的休眠芽（潜伏芽）萌发而成，徒长枝角度小而直立，一般节间长、不充实。在树冠内膛抽生的50cm以上的徒长枝，北方群众叫“娃枝”，这种枝直立而粗壮，无雌花芽，可短截或夏季摘心，培养成结果母枝，以充实内膛。

②雄花枝：只着生雄花芽的细弱枝，长度约5cm左右。顶芽为叶芽，侧芽为雄花芽。多生长于老弱树或树冠内膛，是树势过弱的表现。此类枝萌发后只开雄花，消耗养分较多，在冬季修剪时，应基本疏除。

③结果枝：着生果实的枝条为结果枝。结果枝按长度可分为长果枝、中果枝和短果枝。壮的结果枝连续结果能力强，可以连续3年以上结果；弱的短结果枝，结果后不能再形成好的混合花芽，翌年就不能再结果，甚至结果当年就不能越冬而抽干死亡。因此，为了连年丰产，要根据结果枝的具体情况合理留果，壮枝留双果、中等枝留单果、短弱枝不留果，以防止结果枝的衰弱死亡。

④结果母枝：落叶后着生有混合花芽或生长季节着生结果枝的基枝叫结果母枝。结果母枝的顶芽及上部若干个侧芽为混合花芽，这些混合花芽春季萌发后抽生结果枝。结果母枝一般长度为20～35cm，依树势强弱、树龄大小以及品种而有不同。一般壮树、壮枝、幼树形成的结果母枝长，结果多；弱树、弱枝和老龄树，形成的结果母枝弱而短，结果少。长母枝结果多，果实大；短母枝结果少，果实小。为了实现核桃的优质丰产稳产，在生产上应当尽量多培养中长结果母枝。早实核桃的幼树长结果母枝结果效果最好，而短结果母枝结果1～2年便会死亡，应采取措施多刺激产生长结果母枝。

（2）核桃枝条的生长特性和利用

①年生长周期：大部分地区盛果期前的核桃树，枝条的伸长生长一年中有春秋两个生长高峰，分别形成春梢和秋梢。一般春季萌芽后，随着气温的逐渐升高，新梢生长逐渐加快。当日间气温达到23～28℃时，其生长速度达到最大；当日间气温超过30℃时，枝叶的蒸腾量加大，土壤含水量逐渐降低，致使新梢封顶停长。以后，随着雨季的到来，土壤水分得到改善，日间气温也有所降低，幼龄树和盛果期壮树停长的新梢顶芽又会萌发生长，形成秋梢。在河北地区，多数核桃品种的秋梢长于春梢。长势中等偏旺的生长枝，春秋梢交界明显；幼树的强旺枝在土壤水分条件较好时，夏季不停长，无明显的春秋梢；成龄树长势较弱的生长枝春梢停止生长后不再生长，则只有春梢而无秋梢。生长枝春梢和秋梢的上部多数可以形成良好的混合花芽。为了控制幼树新梢的过旺生长，可以采取夏季摘心、控水、喷施多效唑等措施。为了尽快扩大树冠，促进枝条的伸长生长，则可以采取增施氮肥、充分灌水等措施，延长枝条的生长时间。

核桃的强旺结果枝结果后，从果台上还可抽生很好的秋梢，但是会消耗大量的营养。当树冠内不缺少生长枝时，可以及时抹去果台副梢，以促进果实的发育。

核桃的生长枝在雨季一过、日间气温低于22℃后，伸长生长逐渐减缓，进入增粗生长阶段。这个时期，枝条横断面上的轻微伤害可以很快恢复。因此，幼树的拉枝开角应当尽量在这期间进行。

②核桃枝条的结构特征：核桃枝条与其他科树种的枝条在结构上有明显的不同，就是有很大的中空的髓心；并且，髓心中具有间断的隔膜，隔膜的疏密程度与枝条当时的生长速度有关。生长速度快时髓心中的隔膜稀疏；生长速度慢时髓心中的隔膜较密。由于具有髓心，枝条被截断后，水分的散失速度较快，在剪截枝条时要在芽上端多保留一段保护段，以防芽体抽干。

③伤流：核桃枝条还有一个特殊的性质，就是“伤流”。在一定的时间范

围内，枝条的木质部或者韧皮部受到伤害，在被伤害处或者是留有通往木质部的通道处（如叶片脱落后的叶痕），会接连不断地流出树液，这种现象叫“伤流”。伤流一年中有两个高峰期，一是落叶入冬后，随着气温的降低，伤流量增大，到大寒后逐渐减少，萌芽前基本没有伤流；萌芽后随着新梢的生长，伤流又开始增加，开花后逐渐降低，到果实成熟时，伤流结束。伤流中含有大量的矿质营养和有机营养，多量的伤流会浪费树体营养，消弱树势。因此，在生产上，修剪要选择无伤流的适当时期。一般在秋季果实采收后修剪大枝，调整树体骨架；冬季基本结束后修剪小枝，调节树体负载量。

④低温适应性：核桃枝条对低温的适应性较差。树龄不同、枝条充实程度不同、枝条类型不同，对低温的适应程度不同。1～3 年生幼树一年生枝抗冻性最差，在 -20℃下即受冻害；成树的结果母枝抗冻性最强，可以忍受 -30℃的严寒。因此，幼树栽植后的前 3 年，要年年采取防冻措施，保护幼树枝条不受冻害。否则，会出现地上部年年受冻、年年更新，总也长不成大树的现象。在选择栽植地时也要注意这个问题，要避开低洼、易受冻的地块和冬季严寒的地区。

⑤倒拉现象：与其他树种明显不同的一个重要特性是，核桃背下长枝吸水力强，生长旺盛，往往会出现其生长势强于其着生的骨干枝的现象，习惯上把这种现象称为“倒拉枝”。在栽培中应注意控制和利用，否则会造成树形紊乱，影响骨干枝的生长。

⑥垂直优势：在整个树体或者一个大枝上，处于垂直位置最高部位的芽或枝条生长势最强，可以形成强旺壮枝，处于垂直位置最低部位的芽或枝条生长势最弱甚至不能萌发生长的现象，称为垂直优势。在整形修剪时，必须充分利用这种特性来调节和保持树势的平衡，尤其是树体中各主枝间的平衡。弱主枝枝头要留高些，强主枝枝头要留低些；辅养枝、结果母枝的高度不能高于主枝枝头的高度，否则，会出现夺主或换头现象。

⑦干性：自然生长的情况下，核桃树干自然向上延伸的能力较强，有的可达数十米，这种较强的干性，是整形时要加以注意的。密植时，尤其要防止树高过高造成郁闭。

（3）影响核桃枝条生长的主要因素

①水分：土壤水分供应的好坏对核桃枝条的生长影响最大，适宜核桃枝条生长的适宜土壤含水量为田间最大持水量的 70%～80%。土壤水分供应充分时，核桃枝条伸长生长旺盛，生长量大。因此，幼树期为了促进枝条的生长，一定要保持充足的水分供应，尤其是春季的水分供应；而为了使枝条发育充实、增强抗寒性，就要在立秋后适当控水、中耕松土，减少土壤含水量。成树

为了促进形成较好的结果母枝，5 月中旬就要适当控水，促进枝条停长。

②氮肥：氮肥供应程度是影响核桃枝条生长的另一个重要因素。氮肥供应充足，枝条就生长旺盛，反之，生长较差。因此，幼树期为了促进枝条的生长，一定要在春季保持充足的氮肥供应；而为了使枝条发育充实、增强抗寒性，就要在立秋后控制氮肥。

3.2.2 芽的特性与利用

(1) 核桃芽的类型

根据芽的形态、构造及发育特点可分为混合花芽、雄花芽、叶芽和潜伏芽。

①混合花芽：也叫雌花芽，一般为单芽，也有双芽。芽体肥大，圆形，鳞片紧包。萌芽后抽生结果枝，其顶端开花结果。混合花芽多着生于结果母枝的上部 1 ~3 节，长结果母枝还多些。混合花芽只着生于壮枝上，弱枝的顶端不能形成混合花芽。

②雄花芽：多着生在枝条的中上部各节，以单芽或双芽上下叠生，其形状为桑葚状的圆锥形，上有鱼鳞状的小突起，鳞片很小，不能覆盖芽体，故又叫裸芽。它萌发后只形成雄芽序。雄花芽的形成受分化时的枝条营养状况影响，营养状况良好时，分化成混合花芽；营养状况不良时，分化为雄花芽。树龄不同，雄花芽量不同，一般核桃幼树雄花芽数量少，成龄树雄花芽数量多。雄花芽的发育开放消耗大量的营养，因此，可以提早适当疏除雄花序，节约营养。

③叶芽：萌发后只抽枝不开花。着生于生长枝顶端的叶芽，芽体较大，呈圆锥形；着生于叶腋间的叶芽芽体较小，呈圆球形，单生或与雄花叠生。核桃的叶芽一般为晚熟性芽，不受特殊刺激，一般形成但当年不萌发；遇有剪截、摘叶等刺激后，当年也可萌发抽枝。

④潜伏芽：也叫休眠芽。位于枝条的基部或下部，单生或复生，呈扁圆形，在正常情况下不萌发，当受到外界刺激后才萌发，成为树体更新和复壮的后备力量，其寿命可达 10 年以上。

核桃的冬芽一般为双芽，多上下叠生，并且离叶腋较远。如为雄花芽和叶芽或混合花芽叠生时，一般雄花芽在下面。

(2) 核桃芽的特性

①异质性大：在核桃一年生枝条上，不同部位的冬芽在分化和发育形成过程中，由于所在节位以及上部节位叶片合成光合产物量的不同，形成的芽质量不同。春梢上部和秋梢中上部的芽体饱满，有的分化成混合花芽，萌发后可以

开花结果；有的可以抽生壮枝；而春梢下部和春秋梢交界的盲节上部的芽体比较瘦弱，有的萌发后抽生弱枝；有的甚至不萌发而成为潜伏芽，这种部位不同冬芽质量不同的现象称为异质性。在整形修剪上，要充分利用核桃冬芽的异质性，需要扩大树冠时，在一年生枝条的中上部剪截，促发壮枝；需要结果时尽量不短截；需要培养结果枝组时，在下部弱芽处剪截。

②萌芽率高成枝率低：多数核桃品种一年生枝条上的冬芽，在翌春的萌发率比较高，可以达到70%以上。但是，冬芽萌发后能抽生成长枝的能力不高，一般每个壮枝上可抽生2~3个长枝。因此，在扩大树冠时，为防止内膛空虚，应该对壮的延长枝进行中短截或重短截。

③潜伏力强：潜伏芽寿命的长短，既影响树体的寿命，也影响树体的修剪技术。核桃潜伏芽的寿命长达十几年甚至几十年，因此，核桃整树的寿命也就长，已经发现不少几百年还在旺盛结果的大树。比如，河北省涞源县走马驿镇龙家庄村有一株被称为“核桃王”的大核桃树，树龄约400年，干周3.8m，冠幅27m×26m，树冠投影面积551.3m^2，最高年产量达到过200kg，现仍正常结果，常年产量超过150kg，是我国北方发现的最大的核桃树（图3-1）。

图3-1　河北省涞源县走马驿镇龙家庄村的400年生“核桃王”

（3）核桃的花芽分化特点

核桃树由营养生长向生殖生长的转变是一个复杂的生物学过程。开花结实早晚受遗传物质、内源激素、营养物质以及外界环境条件的综合影响。

核桃花芽分化过程是先分化雄花芽。在多数地区于4月下旬至5月上旬就已形成雄花芽原基，5月中旬，雄花芽的直径达2～3mm，表面呈现出不明显的鳞片状；5月下旬至6月上旬，小花苞和花被的原始体形成，可在叶腋间明显看到表面呈鳞片状的雄花芽；到翌年4月份迅速发育完成，并开花散粉。

核桃混合花芽的分化，包括生理分化期和形态分化期。生理分化期时间为5月下旬至7月下旬，是花芽分化的关键时期，此时花芽对外界刺激反应敏感，因此，可人为地的调节花芽分化。根据树势进行合理的施肥浇水及采取修剪措施等，可促进花芽分化。

混合花芽的形态分化是在生理分化的基础上进行的分化过程，约10个月才能完成。雌花开始分化期为6月上旬～8月上旬，经历一个冬季，直到第二年开花，才能完成各个花器官的分化。形态分化期需要大量的营养物质，尤其是光合产物和矿质营养，应及时采取调控措施。营养生长与生殖生长是一对相互依存的矛盾对立体，生殖生长必须在一定的营养生长的基础上进行，而过旺的营养生长又会抑制生殖生长的进行；营养生长可以为生殖生长提供充足的光合产物，它又与生殖生长竞争矿质营养。在混合花芽的生理分化期后，要适当控制枝条的伸长生长。

3.2.3 叶的特性

核桃的叶片多为奇数羽状复叶，顶端小叶最大，其下对称小叶依次变小。小叶数依种类不同而异，如普通核桃5～9片，铁核桃为9～11片。叶片是树体和果实发育所需能量物质、结构物质的加工厂。复叶的多少与质量对枝条和果实的发育关系很大。据观测，着生双果的结果枝要有5～6片以上的正常复叶，才能保证枝条和果实的发育，并保证连续结果。低于4片的，尤其是只有1～2片复叶的结果枝，难以形成混合芽，且果实发育不良。

核桃叶片进行光合作用需要一定的光照强度。据测定，核桃叶片光合作用的光饱和点为1 400μmol/（m^2·s），光补偿点为60～100μmol/（m^2·s）。由于其光补偿点和光饱和点均较高，因此认为，核桃属于喜光树种。在生产上必须注意核桃叶片的这一特性，使树体内的叶片基本处于核桃的光补偿点以上，尽量减少无效叶片。为保持叶片良好的光合性能，必须使全部叶片得到相对光强30%以上的光照条件。其叶面积指数应当保持在3～4.5之间，不能再大，要严防树冠郁闭。

叶片在树冠内的集中分布区称为叶幕。核桃树叶幕层的厚度一般不能超过60cm，过厚则影响内膛的光照强度。在整形修剪时，一定要注意调节核桃树冠叶幕层的分布。尤其在密植园内，更要控制叶幕层厚度，不能超标。

核桃叶片的寿命受光照条件、水分条件以及矿质营养的影响。光照条件良好可以延长核桃叶片的寿命；水分充足、营养丰富而平衡也可保持叶片的光合性能。此外，还要注意防治叶部病虫害，以便维持叶片的功能良好。

3.3 核桃的开花特性

3.3.1 核桃花的特点

核桃一般为雌雄同株异花。在新疆起源的早实核桃幼树上，也发现有雌雄同花现象，不过雄花多不具花药，不能散粉；也有的雌雄同序，但雌花多随雄花脱落。上述两种特殊情况基本没有生产意义。

(1) 雄花

核桃花为单性花，雌雄同株，异花序。雌花芽为混合芽，但有的品种同时兼有雌雄同序的纯花序。核桃雄花序呈葇荑花序，长8~12cm，着生二年生枝的中上部，每花序着生130朵左右小花，多者达150朵。花序的长度不与小花的朵数成正比，而与花朵的大小成正比。越向花序的尖端，小花的雄蕊数越少。每雄花有基部联合的萼片6裂，雄蕊12~35枚，花丝极短，花药黄色，长约844±44μm，宽约549±41μm。有两室，每室平均有花粉900粒，一个花序可产生花粉约180万粒或更多，重0.3~0.5g，而有生活力的花粉占10%~35%。品种不同、树龄不同、枝类不同，其产生的花粉生活力不同。当气温超过28℃时，会导致花粉败育，降低坐果率。

核桃成熟的花粉呈球形，中等大小，直径约50μm，整个花粉外壁表面密布短刺状小突起；萌发孔13~15个，只均匀分布在花粉粒的半球，另一半球无萌发孔，每个萌发孔有隆起的边缘，孔口有平滑的盖。

(2) 雌花

雌花单生或2~4个，有时10个以上呈穗状着生于新梢顶端。总苞绿色，包于子房外面，表现密生细柔毛，萼片4裂，着生于总苞上面。子房下位，一室，柱头羽状2裂，表面凹凸不平，湿度很高，有利于花粉发芽。柱头长约1cm，浅黄色或粉红色。

3.3.2 核桃花的开放

雄花芽春季萌动后，花序开始伸长，经 12 ~ 15d，花序可达一定长度(8cm 以上)，小花开始散粉，其顺序是由基部向顶端开放，约 2 ~ 3d 散粉结束。散粉期如遇低温、阴雨、大风等，则对树体授粉受精不利。雄花过多则消耗养分和水分也多。据测定，一个核桃雄花芽从萌动到成熟，平均每天蒸腾量为 1.58 ±0.11g，花期大约 15d，总蒸腾量 23.7g。一个成熟的核桃雄花序比雄花芽多含水 3.5g，如不去雄，一个雄花将消耗 27.2g 水分，一株 18 年生的核桃树雄花芽将消耗 54.4kg 水，对树体不利。所以，生产上应进行人工疏雄，疏掉雄花序的 95%。

核桃混合花芽在萌动后，先伸出一段枝叶，其顶端露出单生或簇生的雌花。雌花初露时有小子房露出，二裂柱头抱合，此时无授粉受精能力。经 5 ~ 8d，子房逐渐膨大，羽状柱头开始向两侧张开时为始花期，当柱头呈倒“八”字形时，柱头正面突起且分泌物增多，为雌花盛花期。此时接受花粉能力最强，为授粉的最佳时期。经 3 ~ 5d，柱头开始干涸，之后柱头枯萎失去授粉能力。

核桃雌雄花的花期不一致，称为“雌雄异熟”性。雄花先开叫“雄先型”，雌花先开叫“雌先型”。雌雄花同时开放者为雌雄同熟型，但这种情况较少。大多数品种是雄先型的，雌先型的多为早实核桃品种。

核桃一般每年开一次花，早实核桃具有二次开花结实的特性。二次花着生在当年生枝顶部，花序有三种类型：雌花序、雄花序和雌雄混合花序。雌雄混合花序下半序为雌花，上半序为雄花，花序长但一般不易坐果。此外，早实核桃还常出现两性花，但其子房多早期脱落。二次雌花多在一次花后 20 ~ 30d 开放。如能坐果，则坚果成熟期与一次果相同或稍晚，但果实较小，用其种子培育出的苗木与一次果培育出的苗木无明显差异。

核桃的花期受春季气温的影响较大。不同地区、不同年份也有变化。

3.3.3 核桃的授粉特性

核桃雌花的柱头不分泌花蜜，无蜜蜂或其他昆虫来访，只能靠风传粉，称为风媒花。因此，花粉飞翔力的大小很重要。根据河北农业大学对薄皮核桃观察，核桃花粉表面光滑，呈扁圆形，粒大，比一般虫媒花的花粉粒还大，相当于 3 个苹果花粉的大小，具有一定的飞翔力，能随风传播。花粉的飞翔力与地势和风速有关。一般情况下，核桃花粉可以随风传播 100 ~ 150m，最远可达 300m。因此，配置核桃授粉树的最佳距离应在 100m 以内，不能超过 300m。

核桃花粉的寿命不长，在自然条件下，大约只有 2 ~ 3d，把花序采下放在开口的纸袋中，在 4℃下保存，可存放 2 ~ 3 周。Griggs 等将核桃花粉在 -19℃条件下贮藏 1 年，授粉后，其坐果率与当年花粉无显著差别。品种不同、枝类不同，所产生的花粉生命力不同。如岱香和上宋花粉生活力极显著高于香玲，显著高于中林 1 号，香玲花粉生活力仅为 20.9%，岱香花粉生活力高达 68.83%。

核桃柱头的可授粉期也不长，据国外观察，从柱头露出时即可授粉，柱头黄绿色尚未完全向后弯曲时是授粉的适期。一般品种的有效授粉期为 3 ~ 5d，有的品种有效授粉期可达 5 ~ 7d。在有效授粉期内，如连续出现阴雨天气，则需要进行人工授粉。在一天中，以上午 9 ~ 10 时，下午 3 ~ 4 时给雌花授粉效果最佳。

核桃花粉粒有内外两层花粉壁，外层硬，有 18 ~ 20 个发芽孔；内层软，富油质。发芽时，由花粉粒的原生质水解挤压内层，油点由发芽孔排出。这个过程很快，一般花粉粒落到柱头上 4h 后即可发芽，花粉管从发芽孔伸出，然后从最接近的方向进入柱头。多个花粉粒可以同时萌发、同时进入柱头。花粉管由柱头向下伸长，16h 即可进入子房内，36h 后进入胚囊，2 ~ 3d 后受精，受精卵休眠约 10d 后进行分裂。

核桃花粉发芽的最适温度为 24 ~ 25℃，在 20℃的室温条件下，需经 33h 才萌发。核桃花粉的发芽率，无论在柱头上还是在培养基上均不高。据研究，核桃花粉在 5% 蔗糖 + 0.5% 硼酸上发芽率最高，岱香核桃花粉发芽率为 4.475%，中林 1 号为 2.843%，香玲仅为 1.485%。

核桃的授粉与天气状况及开花情况有较大的关系。花期如遇低温或阴雨天，则会明显影响核桃花粉的散布与传播，从而影响正常的授粉受精活动，降低坐果率。

核桃有“孤雌生殖”的特性，即不经授粉受精核桃也能结出一定比例的有生殖能力的种子。因此，授粉与否对核桃结实的影响不像苹果、梨等那样显著。据观察，核桃孤雌生殖率有的品种高达 43.7%，有的品种仅为 4.08%，雄先型品种高于雌先型品种。国外也有这方面的报道，Schanderl 观察了 38 个核桃品种，18.5% 的品种有孤雌生殖能力，最强的达到 57%。山东省果树研究所张美勇报道，成年大树早实核桃无融合生殖坐果率为 9.0% ~ 15.6%，无融合生殖力为 13.2% ~ 22.5%；晚实核桃无融合生殖坐果率为 12% ~ 14.1%，无融合生殖力为 20.5% ~ 26.3%；且雄先型无融合生殖力高于雌先型，早实核桃雄先型无融合生殖力为17.6%～22.5%，雌先型为15.1%～17.5%。

核桃虽然有孤雌生殖能力，但仍需要配置授粉树。大多数核桃品种只具有一定的孤雌生殖和自花授粉结实能力，但难以实现丰产稳产，所以，在生产上一般需要配置授粉品种。授粉品种应具有如下几个特点：花粉量较多；雄花花期与主栽品种雌花花期基本一致或早1～2d，并能与主栽品种具有很好的亲和力，对主栽品种的果实无不良影响；同时，授粉品种的果实应具有良好的经济性状。配置授粉品种树时，作为授粉树的核桃品种不宜过多，否则管理不方便，但对于规模较大的核桃园可适当配置几个授粉品种，以满足核桃园内不同成熟期品种的授粉需要，确保各品种均能获得优质丰产。一般情况下，授粉品种与主栽品种的配置比例为1∶8至1∶10。配置时既可采取隔行配置的方法，也可采取梅花配置的方法。

3.4 果实生长发育特性

3.4.1 核桃果实的结构特征

核桃果实为坚果，最外侧为总苞，也叫青皮。总苞肉质，在果实的最外侧，厚0.3～0.5cm，主要由石细胞、木质素等组成，具有对外种皮的保护作用；果实成熟时青皮由绿变黄，开裂，与外种皮分离。青皮内侧为外种皮，为骨质化的坚硬核壳，厚0.3～2mm不等，主要由木质素构成，是制造汽车轮胎的耐磨添加剂和制造优质活性炭的原料。核壳由两半组成，中间结合部分为缝合线，缝合线的隆起有高有低，可以作为品种的识别特征；核壳表面有沟状或点状刻纹，刻纹有深有浅，刻纹多而深的核壳不光滑，刻纹少而浅的核壳光滑美观，这也是识别品种的重要特征，如绿岭核桃核壳表面刻纹就少而浅，缝合线平滑。外种皮内侧为一层很薄的内种皮，颜色有浅黄色和深褐色，一般颜色浅的不涩，颜色深的发涩，内种皮将种仁分为四室。种皮内的种仁即可食部分，种仁的多少是衡量核桃果实品质的重要指标，核桃的出仁率在40%～67%，品种间差距较大。

3.4.2 核桃果实的生长发育规律

核桃从雌花柱头枯萎到总苞变黄开裂，果实的发育时间较长，一般为100～130d，果实旺盛生长期有一个半月，生长稍缓后，果皮开始硬化，以后仍有生长。核桃果实发育大体可分为4个时期：

（1）果实速长期

受精过程完成后的4~6周，在河北省一般为5月初~6月初，约30~35d。此期是果实体积生长最快的时期，果实直径日平均绝对生长量达1mm以上，经过此期的生长，果实大小基本定型。

（2）果壳硬化期（硬核期）

在河北省为6月初~7月中旬，约35d。坚果核壳自果顶向基部逐渐变硬，种仁由浆状物变为嫩白核仁，营养物质迅速积累。此期如果光照不足，会产生核壳发育不实，在硬壳上出现发育不好甚至露仁的斑点果实。据研究，核壳发育不实的发生率与品种、年份以及树体光照状况等有关。新疆核桃起源的品种在内地发生率较高，硬核期阴雨天多的年份发生率高，树体郁闭的地块内膛发生率高。

（3）油脂迅速转化期（种仁充实期）

在河北省为7月初~8月下旬，约50~55d。坚果脂肪迅速增加，同时核仁不断充实，重量迅速增加，含水量下降，风味由甜淡变成香脆。是核桃品质形成的重要时期。

（4）果实成熟期

在河北省为8月下旬~9月上旬，约15d左右。果实青皮由绿变黄，有的出现裂口，坚果易脱出，此期坚果含油量仍有增加。因此，为提高果实品质，不宜过早采收。

3.4.3 核桃落花落果的特点

核桃雌花期子房未经膨大而脱落者为落花。子房发育膨大而后脱落者为落果。一般核桃落果比落花严重。落果多集中在柱头干枯后30~40d内，尤其是果实速长期，落果最严重，这种落果称为“生理落果”。核桃自然落果率可达30%~50%，不同品种或单株落果率也不同。落果原因有受精不良、营养不足、花期低温、病虫害及干旱等。花后应加强土肥水管理，提高树体营养水平，并采取花期叶面喷肥、人工辅助授粉、人工疏雄等措施提高坐果率。

3.4.4 核桃保果措施

核桃的保果措施主要是从提高树体营养水平、减少营养消耗和竞争入手，主要有4点：

（1）合理修剪，疏除细弱结果母枝

细弱结果母枝枝叶量小，合成的光合产物不能支持果实的正常生长，坐果后也会在生长过程中因营养不足而落果。因此，为了减少落果的营养消耗，在冬季修剪时，应当果断地疏除直径0.5cm以下的细弱结果母枝。

（2）花期喷肥

在雌花盛花期喷施0.3%硼砂和0.3%尿素水溶液，可以提高核桃的坐果率，促进幼果的良好发育。

（3）及早疏果

坐果后，为了保证果实发育良好，减少营养竞争，应当尽早看枝疏果。壮结果枝留双果；中庸结果枝留单果；细弱结果枝不留果。河北省一般在5月中旬疏果。应保证每个果实有4片以上复叶。

（4）摘除果台副梢

果台副梢的生长与果实发育竞争营养，为保证果实的发育良好，在不缺生长枝的情况下，应尽早抹除果台副梢。

3.5 对环境条件的要求

核桃在我国分布范围比较广，从北纬21°~44°，东经75°~124°间都有种植。但主要分布在暖温带和北亚热带。核桃的适应性强，对环境条件要求不很严格，但是对适生条件却比较严格，超出适生条件范围，虽能生存，但生长结果不良，不能形成产量，没有栽培意义。其适生条件为：

3.5.1 海拔高度

从核桃的垂直分布看，我国北方地区多栽培在海拔1 000m以下；秦岭以南多生长在海拔500~1 000m之间；在洛南地区海拔700~1 000m生长良好，在1 400~1 600m尚能生长；而在辽宁西南部则适合海拔500m以下，高于500m，由于冬季寒冷，表现生长不正常；在云南漾濞县则分布于1 400~2 500m之间，在1 800~2 200m之间者表现最好；在克什米尔则分布于1 300~2 600m地区，1 600m则生长不良；而在阿富汗和伊朗的高山地带，可以分布到3 000m以上，在这些地区能耐-30℃以上严寒。

3.5.2 温度

核桃的天然产地大都是较温暖的地带，现在大量栽培区域主要在纬度10°~40°之间。所以，一般认为核桃是喜温的果树。普通核桃适宜生长的温度范围及无霜期为：年平均温度9~16℃，极端最高温度35~38℃，极端最低温度-25 ~-2℃；有霜期150d以下。核桃在休眠期幼树在-20℃条件下可发生冻害，成年树虽能耐-30℃的低温，但低于-28 ~-26℃时，枝条雄花芽及叶芽均易受到冻害。展叶后如温度降到-4 ~-2℃时，新梢被冻坏；花期和幼果期，气温降到-1~2℃时则受冻减产。7月份平均温度不宜低于20℃，但在温度过高的地区，当超过38~40℃时，果实易受日灼伤害，核仁不能发育或变黑，形成空苞。铁核桃则适应亚热带气候条件，耐湿热，不耐干冷。

在欧洲的一些国家，如挪威、瑞典、荷兰、英国、德国、波兰、匈牙利和法国的北半部，核桃都易遭受冻害。在俄罗斯的欧洲部分较温暖的南部和西南部都在一定程度上遭受冻害，尤其是晚霜为害。不仅是花，甚至小枝及2~3年生的枝也被冻死。在美国西部，核桃栽培很盛，但在东部和北部，由于冻害，核桃栽培一直不能大量发展。

我国核桃的产区也是在年平均温度为8~15℃的地区。冬季最低温度不低于-30℃，一般在-20℃时幼树受冻，大树虽能耐-30℃低温，但在-28 ~ -26℃时即有部分花芽和叶芽受冻，在 -29℃时，一年生枝受冻。新疆的库车、阿克苏、喀什、和田等地是新疆核桃的最适生长地区，而往北到伊宁和乌鲁木齐绝对最低温度达-37~ -34℃时，核桃不能结果。

3.5.3 土壤

核桃为深根性树种，根系生长需要深厚的土层（大于1m），以保证其良好的生长发育。土层过薄易形成“小老树”或连年枯梢，不能形成产量。核桃要求土壤结构疏松，保水透气性好。因此，适于在沙壤土和壤土上栽植，粘重土或瘠薄土均不利于核桃的生长发育。核桃在pH6.5~7.5即中性或微碱性土壤上生长最佳。土壤的含盐量宜在0.25%以下，否则会导致植株死亡。氯酸盐比硫酸盐危害更大。核桃喜肥，但在后期，氮的用量不能过大，否则延迟生长期、推迟果实成熟、新梢停长晚，不利于安全越冬。应采取增施有机肥、压绿肥等方法来改善土壤结构。

3.5.4 水分

核桃的不同种群和品种对降水量的适应能力有很大差异。核桃对空气湿度的适应性强，能耐干燥的空气，但对土壤水分状况却很敏感，过旱、过湿均不利于核桃的生长结果。结果期在过旱的条件下，树生长弱、落果严重和早期落叶。长期晴朗而干燥的气候能促进开花结实。如新疆塔里木盆地绿州区正是具备这种条件，所以，新疆核桃的早实丰产特性正是长期在这样的条件下生长发育而形成的遗传性。土壤在干旱时，阻碍根系吸收和地上部蒸腾，干扰正常的新陈代谢，造成落花落果及叶片凋萎脱落，土壤水分过多或长期积水，造成通气不良、根系呼吸受阻，严重时窒息、腐烂，从而影响地上部的生长发育。因此，山地核桃园需设置水土保持工程，以蓄养水源；平地则应解决排水问题。春夏季干旱时适当浇水，如雨水过多则注意排除积水。

3.5.5 坡度与坡向

核桃适于生长在背风向阳处。一般山坡基部土层较厚，水分较多，因此比中上部生长结果好。阳坡的树比阴坡的生长发育各方面都好。坡度大则水土冲刷量也大。所以，核桃适宜定植在10°以下的缓坡地带。如坡度大于10°时，应修成等高梯田，这样便于核桃的采收及日常管理工作。

3.6 核桃的物候期

核桃的物候期由于品种不同、栽培地区不同、当年的气候变化和栽培管理技术等因素不同而表现不同。河北昌黎、陕西扶风和河南济源三地绵核桃的物候期如表3-1所示。

表3-1 不同地区绵核桃的物候期

观察地区	萌芽（月/日）	展叶（月/日）	雄花开放（月/日）	雌花开放（月/日）	果实生长（天）	落叶期（月/日）	伤流期（月/日）
河北昌黎	4/16	4/24	5/6	4/29	115	10/26	10/下~4/下
陕西扶风	3/下	4/4	4/6	4/14	120	10/下	10/下~4/上
河南济源	3/25	4/5	4/10	4/19	120	11/5	10/25~3/15

3.6.1 核桃雄、雌花芽分化与发育的形态

(1) 雄花芽的分化与形态

雄花序与侧叶芽为同源器官，只是雄花芽原基比叶芽原基发育的快。雄花序5月间于叶腋间露出，到翌春才逐渐分化完成。从分化开始到开花散粉的整个发育过程约需一年时间。雄花序在整个夏季变化很少，长约0.5cm，玫瑰色，在秋末变成绿色，冬季变为浅灰色，后停止生长。春季生长开始，花序膨大，从0.5cm长到2cm，花粉粒形成。科鲁木彼格尔（Krumbiegel）认为，在散粉前3周分化花粉母细胞，散粉前2周形成4分体，其后2~3d就形成全部花粉粒。花序挺直，斜上生长，并由深绿变为浅绿色。1周后雄花序开始软垂。随后雄花序伸长，雄花分离，花苞开始开放，花药成熟变黄，先从花序基部的小花开放散粉，2~3d之内散完。散粉最快的时间是中午气温最高的时候。散粉后，花药变成褐色，枯萎脱落。整个散粉进程，气温越高，进展越快（图3-2）。

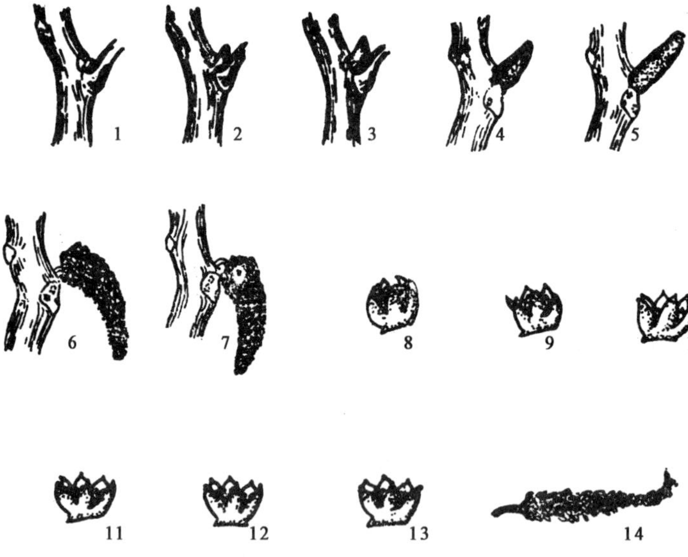

图3-2 雄花芽发育过程外部形态图

1~7. 花序发育过程 **8~13.** 单花发育过程 **14.** 整个花序发育过程

(2) 雌花芽的分化与形态

雌花芽与顶生叶芽为同源器官，其分化过程可分为：分化开始期、雌花原基出现期、总苞和花被原基出现期以及雌蕊原基出现期。一般6月下旬~7月上旬雌花开始分化，10月中旬出现雌花原基，入冬前雌花原基两侧出现总苞原基和花被原基，到翌春雌花各器官才分化完成。从雌花序形态分化开始到开

花（5 月上旬）约需 10 个月（图 3-3）。其分化特点是：花器各部分化需时长

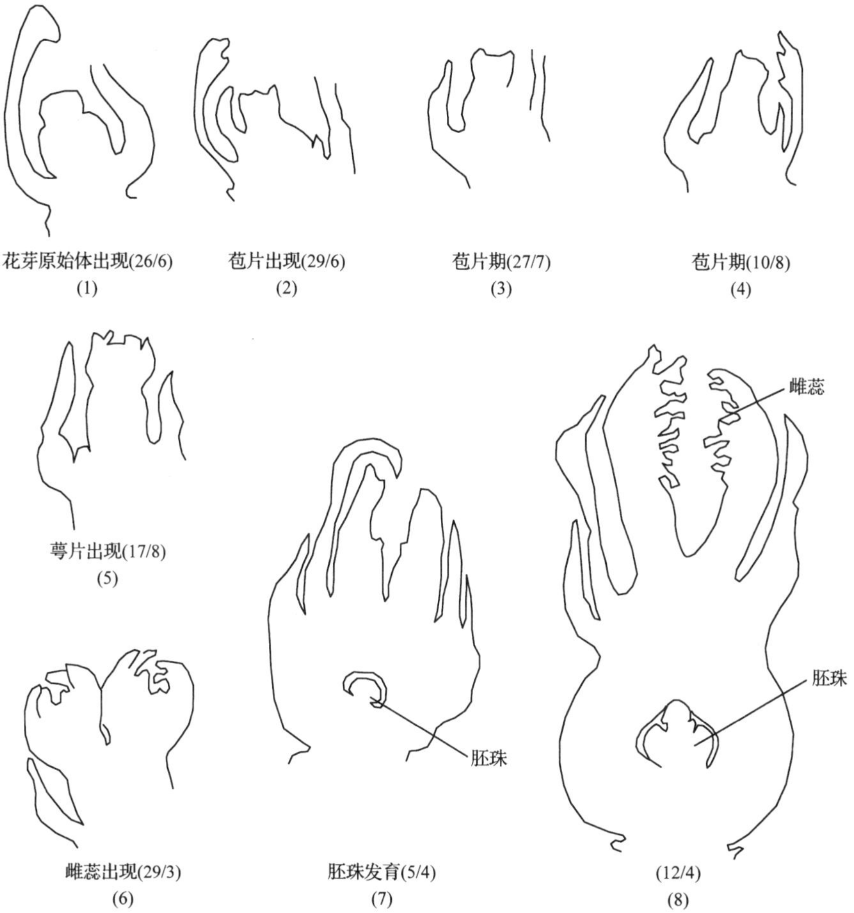

图 3-3　新疆核桃雌花芽分化过程（河北农业大学，1983）

短差异很大，如苞片期到萼片期进程缓慢，约需 40d 左右，由萼片期到雌蕊期需时最长，近 7 个月之久，但雌蕊出现到发育完成只需 12d 左右（图 3-4）。

至于核桃花芽分化与生长点内激素代谢及营养物质积累的关系，S1adky Z.（1973）曾作过研究，他发现在芽原基内含有较高的生长素和赤霉素类物质，在原基分化成雄花序期间，生长素含量下降。在雌花分化期间，生长素水平才表现暂时增加。Lan-grova V. 等（1972）也证明，雌花原基的形成伴随着生长素类物质显著增加，同时某些抑制物质也保持活跃状态。因此，喷施不同的人工调节物质可改变芽的形态。当幼叶喷施 IAA 十 MH 溶液时，可增加

每个短枝上营养芽的数量，而用 TIBA 十 GA_3时，则可增加雌花芽数。Sl adky Z. （1975）又进一步研究了核桃叶原基、花原基的发生与内源激素的关系，结果表明，核桃雄花序的分化在有赤霉素的存在下才能进行。这类物质可控制花的性分化，刺激雄花的产生。若促进生长物质减少并出现抑制物质，则发育成带有叶原基的营养芽。生长季末期，顶芽中雌花的分化与生长素存在有关。因此，提高抑制物质的水平，就可调节雌花的数量，利用生长调节剂（IAA 和 TIBA）能改变受处理枝上不同芽的比例，控制雄花和雌花量。

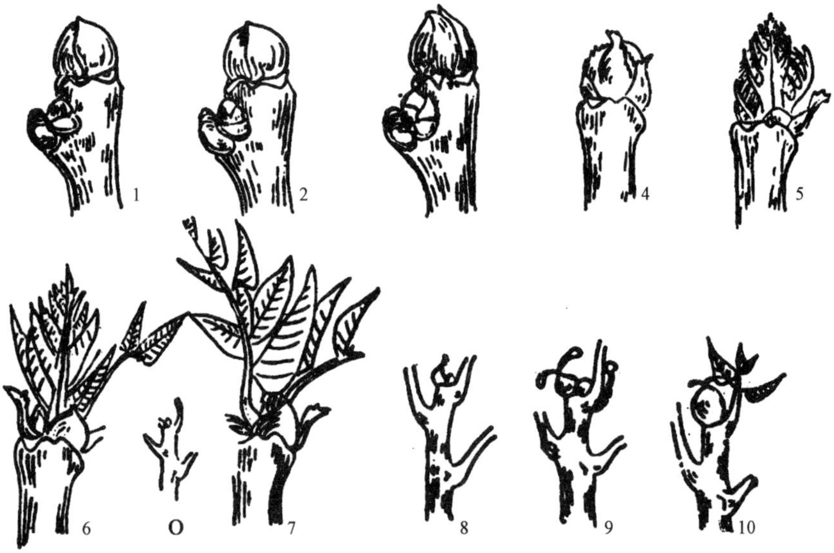

图 3-4　雌花芽发育过程外部形态图

1. 雌花芽的冬态　2. 外层的鳞片脱落　3. 花芽继续膨大，鳞片枯萎，露出花芽，盖有白色茸毛，叫茸毛期　4. 花芽继续发育，露出复叶的尖端小叶，叫脱毛期　5. 花芽开裂，小叶片张开，第一批叶展开　6. 鳞片和芽苞片脱落，叶柄和内部的芽苞片保护着花　7. 第一批叶子全部张开　（0 示未露出的小花）　8. 雌花露出　9. 10 天后出现往头，并分开，由红色转为黄绿色　10. 授粉后，由褐变黑而干枯

3.6.2　枝条生长与果实生长的相关情况

核桃萌芽后，枝条随即生长，一般有一个月的生长期，随着枝条的生长进入开花期。落花后子房膨大，果实开始生长。河北农业大学在蓟县观察了核桃枝条生长与果实生长的相关情况，说明枝条生长与果实生长是交错进行的。4 月 23 日 ~5 月 12 日为枝条生长旺盛期，待枝条生长稍缓时，果实则开始急剧生长。因此，如果此期营养供应不足，易发生大量落果。

第四章

核桃的主要种类和优良品种

核桃为核桃科植物，是我国栽培历史悠久、种类和品种极为丰富的古老果树之一。据《中国果树志·核桃卷》(1994) 记载，我国目前现有核桃和铁核桃两个种群的无性系品种和优良品系 216 个，核桃同铁核桃种间杂交种 5 个，并且近年来不断有新品种问世。核桃生产的品种化是提高果实产量、质量和经济效益的重要基础，因此，各核桃生产国均把选育优良品种作为生产和科研的重点。

4.1 核桃的主要种类及分类方法

4.1.1 核桃的主要种类

核桃科 (Juglandaceae) 共有 7 个属，约有 60 个种，分布于北半球温带和亚洲东部。本科植物大都是落叶乔木，少数是灌木，还有垂枝的矮生种用于观赏。

本科植物用于经济栽培的主要有 2 个属，即核桃属 (*Juglans*) 和山核桃属 (*Carya*)。此外，还有枫杨属 (*Pterocarya*)，枫杨 (*P. stenoptera* DC.) 也叫枰柳，可作核桃砧木，但用的不多。

(1) 核桃属

核桃属约有 20 个种分布于亚洲、欧洲和美洲。我国栽培的有 18 个种，其中栽培最多、分布最广的有两个种，即普通核桃 (*Juglans regia* L.) 和铁核桃 (*Juglans sigillata* Dode)，其他种有少量栽培或野生，用作砧木。

①普通核桃 (*Juglans regia* L.)：别名胡桃、羌桃、万岁子，国外叫波斯核桃或英国核桃。我国核桃的主要品种，除部分属于铁核桃外，都属于本种。在欧美各国栽培的绝大多数品种也属本种。主要分布在华北地区、西北地区、

中南区、华东区北部、云贵高原、四川西部及北部和西藏山南地区等。

普通核桃为高大的落叶乔木，一般树高10～20m，树冠大，寿命长，据记载，在我国陕西的永寿和甘肃的武威有300年的老树，河北省涞源县走马驿镇龙家庄村有400年生核桃树。树干皮灰色，幼树平滑，老时有纵裂。一年生枝呈绿褐色，无毛，具光泽，髓大；奇数羽状复叶，互生，小叶5～9枚，稀11枚，对生；雌雄同株异花、异熟；雄花序柔荑状下垂，长8～12cm，每序有小花100朵以上，每小花有雄蕊15～20个，花药黄色；雌花序顶生，雌花单生、双生或群生，子房下位，1室，柱头浅绿色或粉红色，2裂，偶有3～4裂，盛花期呈羽状反曲。果实为坚果（假核果），圆形或长圆形；果皮肉质，幼时有黄褐色绒毛，成熟时无毛，绿色，具稀密不等的黄白色斑点；坚果多圆形，表面具刻沟或光滑。种仁呈脑状，被浅黄色或黄褐色种皮。

② 铁核桃（*J. sigillata* Dode）：又称泡核桃、漾濞核桃、茶核桃、深纹核桃。分布于我国西南地区，云南、贵州、四川的西昌是主产区，西藏雅鲁藏布江中下游也有分布。

落叶乔木，树皮灰色，老树暗褐色，具浅纵裂；一年生枝青灰色，具白色皮孔。奇数羽状复叶，小叶9～13枚，椭圆披针形，幼叶有锯齿；雌雄同株异花，雄花序粗壮，柔荑状下垂，长5～25cm，每小花有雄蕊25枚；雌花序顶生，雌花2～3枚，稀1或4枚，偶见穗状结果，柱头2裂，初时呈粉红色，后变为浅绿色。果实倒卵圆形或近球形，黄绿色，表面幼时有黄褐色绒毛，成熟时无毛；坚果倒卵形，两侧稍扁，表面具深刻点状沟纹，出仁率40%～50%，含油量60.5%～72%，内种皮极薄，呈浅棕色。有许多优良品种，一般分为三个类型，即泡核桃、铁核桃和夹绵核桃。喜湿热气候，不耐干冷，抗寒力弱。适于年平均温度11.4～18℃，绝对最低温度不低于－5.8℃，年平均降水量700～1100mm的地区。

③核桃楸（*J. mandshurica* Maxim.）：又称胡桃楸、山核桃、东北核桃、楸子核桃。原产我国东北，以鸭绿江沿岸分布最多。河北、河南也有分布。

落叶大乔木，高达20m以上。树皮灰色或暗灰色，幼龄树光滑，成年后浅纵裂。小枝灰色，粗壮，有腺毛，皮孔白色隆起。奇数羽状复叶，小叶7～17枚，叶缘有细锯齿，背面有毛；雄花序柔荑状，长9～27cm；雌花序具雌花5～10朵；果序通常4～7果；果实卵形或椭圆形，先端尖；坚果长圆形，先端锐尖，表面有6～8条棱脊和不规则深刻沟，核壳及内隔壁坚厚，不易开裂，内种皮暗黄色、很薄。抗寒性强，生长迅速，可作核桃品种的砧木，在东北有很多变种。

④河北核桃（*J. hopeiensis* Hu）：又称麻核桃。系核桃与核桃楸的天然杂

交种。在河北、北京和辽宁等地有零星分布。

落叶乔木，树皮灰白色，幼时光滑，老时纵裂。嫩枝密被短柔毛，后脱落近无毛。奇数羽状复叶，小叶 7～15 枚，全缘或浅锯齿；雌雄同株异花；雄花序柔荑状下垂，长 20～25cm；雌花序 2～3 朵小花簇生；每花序着生果实 1～3 个；果实近球形，顶端有尖；坚果近球形，顶端具尖，刻沟、刻点深，有 6～8 条不明显的纵棱脊，缝合线突出；壳厚不易开裂，内隔壁发达，骨质，取仁极难，适于作工艺品。抗病性及耐寒力均很强。

⑤野核桃（*J. cathayensis* Dode）：分布于我国甘肃、陕西、江苏、安徽、湖北、湖南、广西、四川、贵州、云南、台湾等地。

乔木或有时呈灌木状，树高通常 5～20m。小枝灰绿色，被腺毛。奇数羽状复叶，小叶 9～17 枚；雄花序长 18～25cm；雌花序直立，串状着生雌花 6～10 朵；果实卵圆形，先端急尖，表面黄绿色，密被腺毛；坚果卵状或阔卵状，顶端尖；壳坚厚，具 6～8 棱脊，棱脊间有不规则排列的刺状凸起和凹陷，内隔壁骨质，仁小，内种皮黄褐色，极薄。可作砧木。

⑥新疆野核桃（*J. fallax* Dode）：野生于新疆的巩留，成果林状态。可榨油或生食，可作砧木。

⑦心形核桃（*J. cordiformis* Maxim.）：又名姬核桃。原产日本，1940 年曾引进栽于河北省昌黎果树研究所，现在辽宁、吉林、山东、山西、内蒙古等省（自治区）有少量栽培。

树高 15～20m，小叶 11～17 枚，卵圆形，叶缘有锯齿；总穗状雌花序；果实为扁心脏形，个较小；坚果扁心脏形，壳面光滑，先端突尖，非缝合线两侧较宽，缝合线两侧较窄，其宽度约为非缝合线两侧的 1/2，非缝合线两侧的中间各有一条纵凹沟；坚果壳厚，无内隔壁，缝合线处易开裂，可取整仁，出仁率 30%～36%。可用作砧木。

⑧吉宝核桃（*J. sieboldiana* Maxim.）：又称鬼核桃、日本核桃。本种原产日本，30 年代引入我国。现在辽宁、吉林、山东、山西等省有少量种植。

落叶乔木，高达 20～25m。树皮灰褐色或暗灰色，成年时浅纵裂。小枝黄褐色，密被细腺毛，皮孔白色，长圆形，略隆起。奇数羽状复叶，小叶 9～19 枚；雄花序柔荑状下垂，长 15～20cm；雌花序穗状，疏生 5～20 朵雌花；果实长圆形，先端突尖；坚果有 8 条明显的棱脊，棱脊间有刻点，缝合线突出；壳坚厚，内隔壁骨质，取仁困难。

⑨黑核桃（*J. nigra* L.）：本种原产北美，现在北京、山西、河南、江苏、辽宁、河南等省、市均有引种栽培。

高大落叶乔木，树高可达 30m 以上。树皮暗褐色或棕色，沟纹状深纵裂。

小枝灰褐色或暗灰色，具短柔毛。奇数羽状复叶，小叶 15～23 枚；雄花序为柔荑花序，长 5～12cm，雄花具雄蕊 20～30 枚；雌花序穗状，簇生小花 2～5 朵；果实圆球形，浅绿色，表面有小突起，被柔毛；坚果圆形或扁圆形，先端微尖，壳面具不规则的纵向纹状深刻沟，坚厚、难开裂。

（2）山核桃属（*Carya* Nutt.）

本属约有 21 个种，主要产于北美，其中一个种产于我国。现我国栽培的主要是山核桃和长山核桃两个种。

①山核桃（*C. cathayensis* Sarg）：别名山核、山蟹、小核桃。产于我国浙江、安徽等省。生长于针叶阔叶混交林中。乔木，皮光滑。小叶 5～7 枚，披针形或倒卵状披针形，叶缘有锯齿；果个小，倒卵形，有四棱；坚果卵形，顶端短尖，基部圆形；壳厚，有浅皱纹。仁味美，油有奇香。

②长山核桃（*C. illinoensis* Koch）：也称美国薄壳山核桃、培甘。原产北美，已引入我国，现在江苏、浙江、福建、四川、江西、河北、北京、南京等省、市都有少量栽培。乔木，皮黑褐色，小叶 9～17 枚；雄花序分枝，雌花顶生 2～10 个，呈穗状；果长圆形，有 4 条纵棱；坚果矩圆形或长椭圆形；果壳极薄、光滑、淡褐色。仁味美而有香气，品质极佳（图 4-1）。

图 4-1 长山核桃

1. 花枝 2. 果枝 3. 雌花 4. 果 5. 果横切面

（3）枫杨属（*Pterocarya*）

枫杨为落叶乔木，高可达 30m，胸径可达 1m 以上；枝髓片状，冬芽有柄，裸露或具若干脱落鳞片，裸芽密被褐色毛，下有叠生无柄潜芽；叶多为偶数羽状复叶，叶轴有翼，小叶 10～28 枚，有锯齿；雄花序单生于一年生枝侧，雄花生于苞腋，萼片 1～4 片，雄蕊 6～18 个；雌花序单生于新枝顶端，雌花有 1 苞片和 2 小苞片；果序下垂，长 20～30cm，坚果近球形，有由 2 小苞片发育而成的翅，长 2～3 cm，斜展；花期 4～5 月份，果熟期 8～9 月份；子叶 2 枚，出土（图 4-2）。

图 4-2 枫杨

1. 花枝 2. 果枝 3. 叶背局部 4~5. 雄花
6. 雌花 7~10. 果

4.1.2 栽培核桃的主要分类方法

核桃品种的分类，国际上尚无权威而统一的方法。我国根据核桃现有资源现状，为了区别异同和优劣，便于生产上选择应用，首先将核桃分为核桃和铁核桃两个种群，再按核桃开始结果早晚将两个种群各分为晚实类群和早实类群，在类群中，依据壳的厚薄分为 4 大品种群。

(1) 根据核桃结果早晚的性状将主要栽培品种分类

①早实核桃：播种后 2~3 年生、嫁接后 1~2 年能开始结实的品种或优株属于早实核桃类群。本类群树体较小，常有二次生长和二次开花结果现象，发枝力强，侧生混合花芽和结果枝率高。

②晚实核桃：用种子播种 6~10 年生或嫁接后 3~5 年开始结实的品种或优系属于晚实核桃类群。主要生长和结果特点是：树体高大、无二次开花现象、发枝力弱、侧生结果枝率低。

(2) 根据核壳的厚薄将主要栽培品种分类

①纸皮核桃品种群：壳极薄，厚度在 1mm 以下，内隔壁退化，可取整仁，出仁率在 65% 以上，属最优品种群。

②薄壳核桃品种群：壳薄，厚度为1.1～1.5mm，内隔壁膜质或退化，可取半仁或整仁，出仁率50.1%～64.9%，属优良品种群。

③中壳核桃品种群：壳皮较厚，厚度为1.6～2.0mm，内隔壁革质或膜质，取仁较难，可取1/4或半仁，出仁率40.1%～49.9%，属一般品种群。

④厚壳核桃品种群：壳最厚，厚度在2.1mm以上，内隔壁发达，骨质或革质，只能取碎仁，出仁率在40%以下，属最差品种群。

4.2 核桃主要优良品种

4.2.1 国内早实核桃优良品种

（1）绿岭

由河北农业大学李保国教授等在河北绿岭果业有限公司1995年引进的香玲品种中选出，2005年定名。目前主要分布在河北省内。

树势强壮，树姿开张，树冠半圆形，叶为奇数羽状复叶，由5～9片小叶组成，小叶为长椭圆形，顶端小叶最大。雌雄同株，雄先型。新梢黄绿色，叶色浓绿。芽半圆形，大而离生，雌花序有花1～2朵。坚果卵圆形，浅黄色，三径平均为3.42cm，平均单果重12.8g。壳厚0.8mm，均匀、不露仁，缝合线平滑而不突出，果面光滑美观，内种皮淡黄色，无涩味，种仁饱满浓香。出仁率67%以上，脂肪含量69.93%，蛋白质含量22%。3年生树高一般可达2.7～3.0m，冠径2.2～2.8m，干周15cm左右。发枝力强，以中短果枝结果为主，侧芽结果率为83.2%。早实、丰产，栽植第二年可结果，五年进入盛果期。在河北临城3月下旬萌芽，4月上中旬展叶，4月中下旬雄花散粉，果实硬核期在6月中下旬，果实成熟期9月初，果实生育期110～120d，11月上旬落叶。

抗逆性、抗病性、抗寒性均强，耐旱。对细菌性褐斑病和炭疽病具有较强的抗性。

（2）香玲

由山东省果树研究所经人工杂交选育而成，亲本为早实优系上宋5号×阿克苏9号，1989年定名。主要在山东、河南、山西、陕西、河北等地栽培。

树姿直立，树势中庸，树冠半圆形，分枝力较强。嫁接当年即可形成混合花芽，第二年即可结果。雄花芽3～4年后出现。雄先型，中熟品种，果枝率85.6%，侧生果枝81.7%，每果枝平均坐果1.4个。每雌花序着生2朵雌花，坐果率60%左右，双果较多。坚果三径平均为3.39cm，平均单果重10.6g，壳厚0.9mm，均匀、不露仁，缝合线平滑而不突出，果面光滑美观，内种皮淡黄色，无涩味，种仁饱满浓香。出仁率65%以上，果仁浅黄漂亮，果仁不涩，营养丰富，脂肪含量65.48%，蛋白质含量21.43%，品质上等。

由于该品种丰产性强、坚果质优，可在有灌溉条件的地方，作为密植园主栽品种大力发展。

(3) 丰辉

由山东省果树研究所经人工杂交选育而成，亲本为早实优系上宋5号×阿克苏9号，1989年定名。主要在山东、河南、山西、陕西、河北等地栽培。

树势中庸，树姿较直立，树冠圆锥形，分枝力较强，抗病性较强。嫁接后第2年开始形成混合花芽，4年后出现雄花，雄先型，中熟品种。侧生混合芽率80%，每果枝坐果1.6个。坚果长椭圆形，基部圆，果顶尖。坚果三径平均3.38cm，重12.2g左右。壳面光滑，缝合线窄而平，结合紧密，壳厚0.95mm左右。内褶皱退化，横隔膜膜质，易取整仁。核仁充实饱满、美观，出仁率57.7%，仁乳黄色，味香而不涩，品质极佳。

该品种适应性强、早期产量较高、盛果期产量中等、坚果光滑美观、核仁饱满、品质上等；抗病害能力较强、不耐干旱，适宜在土层深厚和有灌溉得条件下栽培。

(4) 鲁光

由山东省果树研究所经人工杂交选育而成，亲本为新疆卡卡孜×上宋6号，1989年定名。主要在山东、河南、山西、陕西、河北等地栽培。

树势中庸，树姿开张，树冠半圆形，分枝力较强。嫁接后2年开始形成混合芽，3~4年出现较多。结果枝属长果枝型，果枝率81.8%，侧生混合芽率80.8%，每果枝平均坐果1.3个，雄先型，中熟品种。坚果长圆形，果基圆，果顶微尖，坚果三径平均3.76cm，重16.7g。壳面光滑，缝合线平，不易开裂，壳厚0.9mm左右。内褶皱退化，横隔膜膜质，易取整仁。核仁充实饱满，出仁率59.1%，仁乳黄色，味香而不涩。

该品种适应性一般、坚果光滑美观、核仁饱满、品质上等。

(5) 中林1号

由中国林业科学研究院经人工杂交选育而成，亲本为涧9-7-3×汾阳串子，1989年定名。现在河南、陕西、四川、湖北、山西等地栽培。

树势较强，树姿较直立，树冠椭圆形，分枝力强，丰产性强，雌先型，中熟品种。侧生混合芽率90%，每果枝平均坐果1.39个，丰产。坚果圆形，果基圆，果顶扁圆。坚果三径平均3.38cm，重14g。壳面较粗糙，缝合线两侧有较深麻点；缝合线中宽凸起，顶有小尖，结合紧密，壳厚 1.0mm。出仁率 54%，核仁充实饱满，仁黄色，风味好。

该品种生长势较强、丰产潜力大、坚果品质中等、适应能力强、壳有一定强度，尤易作加工品种，也是理想的材果兼用品种。

(6) 中林 5 号

由中国林业科学研究院杂交选育而成，亲本为涧 9－11－12×涧 9－11－15。

树势中庸，树姿较开张，分枝力强，结果枝短，丰产性强。坚果圆形，壳面光滑，单果重 10g 左右，壳厚 1.0 mm，出仁率 60% 左右，色浅味香。雌先型，8 月下旬至 9 月初成熟。

该品种为短枝型，抗病性强，适合早、密、丰栽培。

(7) 元丰

由王均毅等于 1975 年从山东省邹县草寺新疆早实核桃实生树中选出，主要栽培于山东、河南、山西、陕西、河北、辽宁等地。

树姿开张，树势中庸，树冠呈半圆形。分枝力中等，侧生果枝率 72%，侧生混合芽率 75%。嫁接后当年形成花芽，坐果率 70% 左右，在河北临城 3 月上旬发芽，雌花期在 4 月初，9 月上旬坚果成熟，10 月底落叶。双果较多，雌先型。坚果卵圆形，果基平圆，果顶微尖。纵径 3.8cm，横径 2.9cm，坚果重 12g。壳面刻沟线，光滑美观，壳色较浅，缝合线窄而平，结合紧密，壳厚 1.15mm 左右。核仁充实饱满，色较深，出仁率 49.7%，风味微涩，大小年不明显。

该品种适应性强、早期产量较高、坚果光滑美观、品质中上等，宜带壳销售。

(8) 薄壳香

由北京市农林科学院林果研究所在新疆实生核桃园中选出，1984 定名。主要栽培于北京、山西、陕西、辽宁、河北等地。

树势较旺，树姿较开张，分枝力中等。侧生果枝率 23%。嫁接后第二年形成雌花，雌雄同熟型。坚果长圆形，果基圆，果顶凹。坚果 12g，壳面较光滑，有小麻点，色较深，缝合线窄而平，结合紧密，壳厚 1.0mm。易取整仁，核仁充实饱满，重 7.9g，出仁率 60% 左右。大小年不明显。河北临城 9 月上旬坚果成熟，11 月上旬落叶。较耐干旱，耐瘠薄土壤。树干溃疡病及果实炭疽病、黑斑病发生率很低。该品种适应性强，坚果品质特优，适宜在华北地区栽植。

（9）辽宁1号

由刘万生等通过人工杂交育成，亲本为河北昌黎大薄皮（晚实）优株10103×新疆纸皮核桃中的早实单株11001，1989年定名。

树势强，树姿直立或半开张，分枝力强，枝条粗壮密集。侧芽形成率达90%以上。1年生枝条常呈灰褐色、粗壮、节间短，属短枝型。坚果圆形，果基平或圆，果顶呈肩形。坚果重9.4g，壳面较光滑，色浅，缝合线微隆起，结合紧密。壳厚0.9mm左右。在河北临城9月初成熟，10月下旬落叶。

该品种适应性强，比较耐寒、耐干旱，坚果品质优良，抗病性强，适宜在我国发展。

（10）辽宁3号

由刘万生等通过人工杂交育成，亲本为河北昌黎大薄皮（晚实）优株10103×新疆纸皮核桃中的早实单株11001，1989年定名。

树势中庸，树姿开张，冠半圆形，分枝力强，幼树第二年结果，侧枝结果能力强，侧枝果枝率高达100%，坐果率60%～80%。1年生枝条呈绿褐色，稍有棱，节间短，属短枝型。连续丰产性强，属雄先型。坚果长圆形，壳面较光滑，三径平均3.3cm，单果重9.5～11.0g，壳厚1.0mm左右，出仁率55%～59%，取仁容易，可取整仁，9月中旬成熟。

该品种抗逆性强，适宜在土壤条件较好的山地、丘陵地区栽培，尤其适宜林粮间作及早、密、矮栽培。

（11）辽宁4号

由刘万生等通过人工杂交育成，亲本为辽宁朝阳大麻核桃（晚实）×新疆纸皮核桃中的早实单株11001，1990年定名。

树势较旺、直立，树冠圆头型，分枝力强。1年生枝条呈绿褐色，枝条多而较细，节间较长，结果枝长10～20cm。属中短枝型。侧花芽比例79%，每果枝平均坐果1.5个，属雄先型。坚果圆形，平均果重12g，壳面光滑美观，壳厚0.9mm，出仁率57%，仁色浅，9月中旬成熟。

该品种品质极佳、风味好、丰产性强、抗病性强。

（12）辽宁7号

由刘万生等通过人工杂交育成，亲本为新疆纸皮核桃实生后代的早实类型21102×辽宁朝阳大麻核桃，1990年定名。

树势强壮，树姿开张或半开张，分枝力强。果枝率91.0%，坐果率60%以上，多为双果，丰产性强，5年生株产4.7kg。属雄先型。坚果圆形，果基圆，果顶圆，壳面极光滑，色浅；缝合线窄而平，结合紧密。坚果重10.7g，壳厚0.9mm，内褶壁膜质或退化，横隔退化，可取整仁，果仁重6.76g，出仁率 62.6%。核仁充实饱满，黄白色，风味佳，9 月中旬坚果成熟。

该品种连续丰产性强，抗病，抗寒，坚果品质优良。

(13) 北京 861

由北京市农林科学院林果研究所从新疆核桃子代实生园中选育而成，1990 年定名。

树势中庸偏旺，树姿开张，分枝力强。幼树二年开始结果，侧枝结果能力强，侧枝果枝率 85.5%，坐果率 60% 右，丰产性强，属雌先型。坚果长圆形，壳面较光，三径平均 3.5cm，单果重 10g 左右，壳厚 0.9mm，出仁率 67% 左右，取仁容易，种仁饱满、色浅，品质优。

该品种结果早、丰产、抗病性强，宜在干旱山地栽培。

(14) 绿波

由河南省林科所引种新疆核桃实生后代选出，1989 年定名。

树势中庸，树姿开张，分枝力强，有二次枝，侧花芽率 80%，每果枝平均坐果 1.6 个，多为双果，属短枝型。雌先型。坚果卵圆形，壳面较光滑，缝合线窄，微凸，不易开裂，中等大小，三径平均 3.6cm，单果重 11g 左右，壳厚 1.0mm 左右，出仁率 54% ~59.2%，核仁色浅，8 月底 ~9 月初成熟。

该品种连续结果能力强、抗病性强，适宜在肥水条件好的地区密植栽培。

(15) 西扶 1 号

由西北林学院从陕西扶风县隔年核桃实生后代选育而成，1989 年定名。

树势旺盛，树姿较开张，圆头型，分枝力强，侧花芽率 90%，每果枝平均坐果数 1.29 个。属雄先型，单果重 12g，壳面较光滑，缝合线稍凸，壳厚 1.2mm，出仁率 52%，核仁色浅，风味好，9 月中旬成熟。

该品种丰产性及抗病性均强。

(16) 西林 2 号

由西北林学院从新疆核桃实生树中选出，1989 年定名。

树势较旺，树姿开张，呈自然开心形，矮化型，分枝力强，侧花芽比例 88%。属雄先型。坚果为大果型，坚果重 16.96g，仁重 8.65 g，壳面美观，出仁率 51%，风味好，抗病性强。

(17) 陕核 1 号

由陕西省果树研究所从扶风县隔年核桃实生后代选出。

树势较强，树姿开张，半圆头形。属短枝矮化型品种，分枝力强，侧花芽比例 47%，每果枝坐果数 1.36 个，属雄先型。坚果近圆形，核仁重 7.1g，出仁率 60%。壳面光滑，壳厚 1mm，可取整仁或半仁，仁色浅，风味好，抗病性强，丰产性强。

(18) 岱辉

由山东省果树研究所从早实核桃品种香玲实生后代中选出的优良矮化核桃新品种，2003 年 12 月通过山东省林木品种审定委员会审定。

该品种坚果圆形，纵径 4.1cm、横径 3.5cm，侧径 3.8cm，壳厚 0.9mm。单果重 13.5g，略大于香玲。仁重 8g，浅黄色，果基圆，果顶微尖；壳面光滑，缝合线紧，稍凸，不易开裂；内褶壁膜质，纵隔不发达。易取整仁，内种皮浅黄色，无涩味；核仁饱满，香味浓，不涩。出仁率 59.3%，略低于香玲。脂肪和蛋白质含量接近于香玲。在山东省泰安地区，3 月下旬萌芽，4 月中旬雄花开放，4 月下旬为雌花期，9 月上旬果实成熟，果实发育期 120d 左右。11 月上旬落叶，植株营养生长期 210d。

在山东省泰安、临沂、济南、烟台等地土层深厚的砂石山区、青石山区栽培，树体生长发育良好，结果早、丰产、优质；但在东平的丘陵山区，土、肥、水条件较差，生长过于缓慢，影响早期单位面积产量；在土层深厚的平原地，树体生长快，盛果期早而产量高，坚果大，核仁饱满，香味浓，好果率 95%以上。平原果粮间作适宜行株距为 6m×3m，建园栽培适宜行株距为4m×3m 或 3m×3m。

(19) 新早丰

由新疆林科所实生选育而成。树势较旺，树冠圆头型，分枝力强，果枝率 100%，每果枝坐果 2 个，属雄先型。坚果重 13.1g，壳面光滑美观，出仁率为 51%。缝合线平，结合紧密，壳厚 1.23mm。

该品种丰产性强，但在肥水条件差时，表现树势易早衰。

(20) 扎 343

由新疆林科所实生选育而成，1989 年定名。树势旺盛，结果枝属中短枝型，果枝率 93%。属雄先型。坚果椭圆或卵形，壳面淡褐色，光滑美观，单果重 16g，壳厚 1.16mm，出仁率 54.0%，肥水条件差时，种仁常不饱满。

(21) 温 185

由新疆林科所实生选育而成。树势较旺，树姿直立。果枝率 100%，属雌先型。坚果中等大小，圆形，单个仁重 6.7g，出仁率 54%，风味好，抗病性强。

其他早实核桃品种还有：试验场 5 号（北京）；辽宁 5 号、新纸皮（辽宁）；中林 6 号（中国林科院）；汾早 2 号、晋丰、晋香（山西）；上宋 6 号（山东）；陕核 2 号、西扶 2 号（陕西）；西林 3 号（西北林学院）；新巨丰、新萃丰（新疆）；薄丰（河南）；云新7914、云新7926、云新8034、云新8064（云南）等。

4.2.2 国内晚实核桃优良品种

(1) 晋龙1号

山西林业科学研究所刘文德、王贵等从汾阳县晚实实生核桃中选出，1991年定名。主要栽培于山西、陕西、河北、江西等地。

坚果近圆形，果基微凹，果顶平，坚果重14.85g，壳面较光滑，有小麻点，色较浅，缝合线窄而平，结合较紧密，壳厚1.09mm。出仁率61%左右，味香甜，品质上等。幼树树势较旺，坐果率65%左右，雄先型。河北临城9月上旬成熟，10月下旬落叶。

该品种抗寒、耐旱、抗病性强。

(2) 晋龙2号

山西林业科学研究所牛步泉、王贵等从汾阳县实生核桃中选出。

坚果圆形。纵径3.64cm，横径3.86cm，侧径3.82cm，坚果重15.92g。壳面光滑，缝合线窄而平，结合紧密，壳厚1.22mm。内褶壁退化，横隔膜膜质，可取整仁。出仁率56%左右，仁色淡黄色，饱满，含脂肪73.7%，蛋白质19.38%。树冠中等，树势旺盛，分枝力中等。

该品种抗寒、耐旱、抗病性强。宜在华北、西北丘陵山区发展。

(3) 礼品1号

刘万生等从辽宁经济林研究所引自新疆晚实纸皮核桃的实生核桃园中选出，1989年定名。

坚果长圆形，果基圆，顶部圆并微尖，大小匀称，果形美观，坚果重9.7g，壳面光滑，色浅，缝合线窄而平，结合不紧密，核仁充实，饱满，色浅；核仁重6.74g，出仁率70%左右。风味好。树势中等，树姿开张，分枝力中等。坐果率50%以上，9月中旬成熟，11月上旬落叶。该品种坚果大小一致，壳面光滑美观，取仁极易，出仁率高，属纸皮类。

该品种抗病、耐寒，适宜北方栽植。

(4) 冀丰

由河北省昌黎果树研究所主持，与武安市林业局协作，从当地晚实核桃中选出，原代号为“天桥1号”。

坚果长圆形，重11.2g。壳面光滑，色浅，外形端正美观，缝合线窄而平，结合紧密，壳厚1.08mm。内褶壁退化，横隔膜膜质，可取整仁，出仁率59.3%。核仁充实饱满，仁肉细腻，风味香而不涩。树势中庸，树姿开张，分枝力中等，母枝抽生果枝率70%以上。雄先型。果实8月下旬成熟。

该品种耐干旱、抗病性强。

(5) 北京746

由北京林科院林果所实生选育而成。

树势中庸，树姿半开张，发技中等。坚果圆形，中等大小，三径平均3.3cm，壳面光滑，单果重11.7g，壳厚1.2mm，出仁率54.7%，易取整仁，种仁饱满，品质优。该品种丰产性强、抗逆性强，适宜林粮间作栽培。

其他晚实品种有：北京749（北京）；晋薄1号（山西）；里香（曲里3号）、高各庄4号（河北）；圪道5号、豫786（河南）；西洛1号、西洛2号（西北林学院）；秦优1号（陕西）；和春6号、和上20号、卡卡牧（新疆）等。

4.2.3 铁核桃优良品种

(1) 大泡核桃（又名漾濞泡核桃）

云南和贵州无性系优良品种。已有300多年栽培历史，垂直分布海拔1 470～2 450m。

坚果扁圆形，三径平均3.5cm，单果重12.3～13.8g；壳面麻，色浅；缝合线中上部略突起，结合紧密，壳皮厚度0.9～1.0mm，内褶壁及横隔膜膜质，易取整仁；种仁饱满，香甜不涩，出仁率53.2%～58.1%。树势较强，树姿较直立。以顶芽结果为主，侧生花芽率10%以下。雄先型。9月上中旬果实成熟。

该品种丰产性强，坚果品质良好，是果油兼优的优良品种。

(2) 细香（别名细核桃）

云南优良无性系品种。栽培历史200年左右。主要栽培于滇西昌宁县、龙陵县、保山县、施甸县、腾冲县等地，当地垂直分布海拔1 650～2 200m。

坚果圆形，三径平均3.3cm，单果重8.9～10.1g；壳面麻，缝合线较宽，凸起，结合紧密，壳厚1～1.1mm。内褶壁及横隔膜膜质，取仁容易；仁皮色浅，种仁饱满，风味浓香而甜，含脂肪量高，出仁率53.1%～57.1%。树势强，树姿开张。中短果枝结果为主，侧生混合芽比率30%以上，每果枝结2～3个果。属雄先型。树冠投影产仁175g/m^{2}以上。8月下旬果实成熟。

该品种比一般品种早熟15d左右，丰产性强、粗脂肪含量高、品质良好、宜作榨油品种栽培。

(3) 三台核桃（别名草果形核桃）

主要分布于云南大姚县、宾川县、祥云县等地。栽培历史250年左右。为云南商品核桃主要无性系品种之一。垂直分布海拔1 500～2 000m。

坚果倒卵圆形，果基尖，果顶圆。坚果重9.49～11.57g。壳面较光滑，色浅；缝合线窄，上部略凸起，结合紧密，壳厚1.0～1.1mm左右；内褶壁及横隔膜膜质，易取整仁，出仁率45%～51%。核仁充实饱满、色浅、味香醇且不涩。雄先型品种。树势旺，树姿开张，丰产、优质。

（4）娘青核桃（又名娘娘夹绵核桃）

云南早期无性系品种。垂直分布海拔1 750～2 400m。

坚果卵形，单果重10.9～12.2g；壳面较粗糙，颜色较深，缝合线上中部略凸，结合紧密。壳厚1.2～1.3mm。内褶壁革质，可取1/2仁；仁皮淡紫色，种仁充实饱满，味香不涩，出仁率40.9%～46.7%。树姿开张，冠形紧凑。顶芽结果为主，侧生果枝占果枝总数的17.8%。果枝率56%，每果枝结2～3个果，少数结4个。属雄先型。每m^2树冠投影产仁150g。适应性强，耐瘠薄，丰产。9月上旬果实成熟。

该品种坚果外观较差、出仁率较低，宜作仁用品种栽培。

4.2.4 国外核桃优良品种

（1）清香

日本品种，由河北农业大学20世纪80年代初从日本引进。

坚果均匀，外观漂亮，平均单果重14.3g，近圆锥形，壳皮光滑淡褐色，外形美观，缝合线紧密。壳厚1.0mm，内隔膜退化，取仁容易，种仁饱满，仁色浅黄，风味香甜，无涩味，可取整仁，出仁率55%。雄先型。

该品种生长旺盛，树势强健，树体中等大小，树姿半开张，极抗早衰，经济寿命长；幼树时生长较旺，结果后树势稳定，丰产性好；开花晚，抗晚霜、抗病性均很强；抗旱，耐瘠薄，可上山下滩，适应性强，在华北、西北、东北南部及西南部分地区可大面积发展。

（2）维纳

产地美国，为美国的主栽品种，1984年引入中国。

坚果锥形，果基平，果顶渐尖，坚果重11g。壳厚1.4mm，光滑。缝合线略宽而平，结合紧密。易取仁，出仁率50%。树体中等大小，树势强，树姿直立。侧芽形成混合芽率80%以上，早实型品种。雄先型，中熟品种。

该品种适应华北核桃栽培区的气候，抗寒性强于其他美国栽培品种，早期丰产性强。

(3) 埃米格

为美国主栽品种，1984年引入中国。现在河南、北京等地栽培。

早实型品种。坚果长圆形，单果重约10g，壳中色，壳面较光滑，缝合线平，结合紧密，壳厚1.4mm。易取仁，出仁率52%，核仁色浅。雄先型，在北京4月中旬发芽，4月中下旬为雌花盛期，5月上旬为雄花散粉期，9月上旬坚果成熟。

该品种树体较小，树姿较开张、丰产。适于密植栽培，可在北京及其以南地区栽植。

(4) Hartley (哈特雷)

美国主栽晚实品种，1984年引入我国。现在河南、北京、辽宁、山东等地栽培。

坚果圆锥形，果基平，果顶渐尖。坚果重14.5g。壳面光滑，缝合线平，结合紧密，仁重6.7g，出仁率46%左右。雌先型品种。在土壤瘠薄或水分不足时，易发生树皮深层溃疡病而限制该品种的发展。适宜在北亚热带气候区栽培。

(5) Payne (培尼)

美国加州最重要的品种。萌芽较早，80%~90%的侧芽可形成雌花芽。早期及后期均丰产。坚果果个中等，平均种仁重6.2g，出仁率52%。种仁颜色适中，核壳密封度好。树冠小至中等大，成熟期早。幼树为防止挂果过多，需要重剪。

(6) Ashley (阿斯雷)

美国新选育的品种。萌芽较早，90%的侧芽可形成雌花芽。幼龄及成龄期产量均高。坚果个大，平均仁重7g，出仁率56%。种仁颜色较浅，核壳密封适中至良好。树体小，适宜密植，采收期为早至中。

(7) Marchetti (马切啼)

美国新选育的品种。萌芽较早，90%的侧芽可形成雌花芽。丰产。坚果中等，平均仁重6.4g，出仁率53%。核仁颜色适中，核壳密封度较好。树冠小至中，采收期早至中。

(8) Serr (塞尔)

美国新选育的品种。萌芽早，50%的侧芽可形成雌花芽。幼龄及成龄期树丰产。坚果个大，平均仁重达8.1g，出仁率59%。种仁颜色较浅。核壳密封度适中，采收期早至中。适宜在土层浅、粘重或肥力低的土壤上栽培。树冠较大，适宜授粉树有Chico和Tehama等。

（9）Chico（奇科）

美国新选育的品种。美国新选育品种。萌芽早，80%的侧芽可形成雌花芽，极丰产。坚果中等大，平均仁重5.3g，出仁率49%。种仁色浅，核壳密封适中至良好。采收期早至中。树冠小，直立，适宜高度密植。授粉树有培尼和塞尔等。

第五章

核桃育苗技术

培育健壮的优良品种苗木，是优质核桃生产的基础条件之一。核桃生产过去多采用实生繁殖，由于实生苗木遗传基础比较复杂，后代分离较大，不同单株间表现差异较大，结果期早晚可差1~3年或7~8年，其产量相差几倍甚至几十倍，坚果品质差异更大。为彻底改变这种落后状况，在今后的核桃栽培生产中，必须改实生繁殖为嫁接繁殖。与实生繁殖相比，嫁接繁殖的主要优点是：

①能很好地保持母体的优良性状，迅速扩大繁殖优良品种或优系，加快实现核桃良种化。

②能显著提高产量和改善品质。

③能提早结果。实生繁殖的核桃树，晚实类型需8~10年才开始结果，早实类型也需要3~4年；而嫁接繁殖的核桃，晚实类型只需3~5年即可结果，早实类型核桃一般在第二年即可结果。

④有助于矮化密植栽培。

⑤可充分利用核桃种质资源。

嫁接繁殖是核桃苗木繁育的发展方向，也是促进核桃生产持续健康发展，实行规模化、区域化、品种化栽培的重要途径。

5.1 实生苗培育

实生苗是利用种子繁殖而成的苗木，主要用作嫁接的砧木。

5.1.1 核桃常用砧木的种类及特点

（1）核桃

以核桃作砧木，嫁接亲和力强、接口愈合牢固、成活率高、生长和结果良好，目前我国北方地区普遍采用。但实生后代分离严重、类型复杂，在出苗期、生长势、抗性以及与接穗的亲和力等方面都有所差异，因此，应注意种子来源尽可能一致，以免后代个体差异较大，影响嫁接品种树生长发育。

（2）核桃楸

又称楸子、山核桃等。主要分布在我国东北和华北各省。其根系发达、适应性强、十分耐寒、也较耐干旱和瘠薄，是核桃属中最耐寒的一个种。用核桃楸作砧木能增强嫁接核桃树的抗性、扩大核桃的分布区域。从目前栽植情况看，核桃楸在生产上用作砧木还存在一些问题，如实生苗作砧木时，其嫁接成活率和保存率均不如核桃本砧高。大树高接部位易出现“小脚”现象，但短期内对生长结果影响不大；接口低时，“小脚”并不明显。

（3）枫杨

又叫枰柳、麻柳、水槐树等。在我国分布很广，多生于湿润的沟谷及河滩地。用枫杨作砧木嫁接核桃优良品种，可使核桃在低洼湿润的环境中正常生长结果，有利于扩大核桃栽培区域；枫杨种子来源容易，可节约大量核桃种子；枫杨嫁接核桃成活率高，但保存率低，在生产上推广还有一些问题需解决好。

5.1.2 种子的采集及贮藏

（1）种子的采集

应选生长健壮、无病虫害、种仁饱满的壮龄树为采种母树。当坚果形态成熟，即青皮由绿变黄并开裂时即可采收。此时种子含水量少、发育充实、最易贮藏。若采收过早，胚发育不完全、贮藏养分不足、晾干后种仁干瘪、发芽率低，也难成壮苗。

采种的方法有捡拾法和打落法 2 种，前者是随着坚果自然落地，定期捡拾；后者是当树上果实青皮有 1/3 以上开裂时打落。为确保种子质量，种用核桃要适当晚采。种用核桃不用漂洗，可直接将脱青皮的坚果捡出晾晒。种子要薄层晾晒在透风干燥处，不宜放在水泥地面、石板或铁板上受阳光暴晒，以免影响种子生命力。

（2）贮藏

核桃种子无后熟期。秋播的种子在采收一个月后即可播种，有的带青皮播种。春播的种子贮藏时间较长。多数地区以春播为主，贮藏时应注意保持低温（5℃左右）、低湿和适当透气，以保证种子经贮藏后仍有生命力。

核桃种子的贮藏方法有室内干藏法和室外湿沙贮藏法。室内干藏法是将秋采的干燥种子装入袋或缸等容器内，放在经过消毒的低温、干燥、通风的室内或地窖内。种子少时可以吊在屋内，既防鼠害，又可通风散热。室外湿沙贮藏法是选择地势平坦高燥、背风向阳、排水良好、交通方便、不易遭受牲畜危害的地方。沟的方向应与主风风向垂直，沟深1m、宽1.2m，长度据核桃种子数量而定。贮藏前，种子应先进行水选，将漂浮于水上、种仁不饱满的种子捡出，将浸泡2~3d的饱满种子取出进行沙藏。沙藏首先在沟底铺10~15cm厚的湿沙，沙的湿度为手握成团而不滴水、一触即散，此时含水量约为30%。沙子要用0.5%多菌灵进行消毒处理。之后在沟底铺一层核桃种子，然后用湿沙填满孔隙、整平，依次分层铺放，也可将种子与3~5倍的湿沙混合后填入沟内，直到距沟口20cm时，用湿沙覆盖至与沟口平齐，再覆土30~40cm，呈屋脊形，四周挖排水沟。为保证贮藏坑内空气流通，每隔1m由沟底至沟顶竖一个草把通气。

5.1.3 苗圃地选择与整地

选择苗圃地是育苗成败的基础。苗圃地应选择在地势平坦、土壤肥沃、土质疏松、背风向阳、排水良好、有排灌条件且交通方便的地方。土壤质地以黏质壤土、壤土或沙质壤土为宜，土壤pH值为6.0~7.5。但不宜在重粘土、沙土或盐碱地上育苗，也不能选择重茬地、荒地以及地下水位在1m以上的地方作苗圃地，以免影响苗木产量和质量。

苗圃地的整理也是保证苗木生长和质量的重要环节。整地主要是对土壤进行深翻耕作，通过整地可增加土壤的透气性，并且有蓄水保墒、翻埋杂草及消灭病虫等作用。由于核桃幼苗根系很深，深耕有利于幼苗根系的生长。翻耕深度要因地制宜，秋耕宜深（20~30cm），春耕宜浅（15~20cm）；干旱地区宜深，多雨地区宜浅；土层厚地区宜深，河滩地宜浅。北方宜在秋季深耕并结合施肥及灌冻水。春播前可再浅耕一次，然后把地整平待播种。

5.1.4 播种前种子处理

秋播种子不需要任何处理，可直接播种。春播时，种子必须经过处理，才能发芽。具体方法如下：

（1）沙藏（层积处理）

在11月份进行，方法与上述室外湿沙贮存法上相同。

（2）冷水浸种法

用冷水浸7~10d，每天换一次水或将盛有核桃种子的麻袋放在流水中，使其吸水膨胀裂口，即可播种。

(3) 冷浸日晒法

将冷水浸泡一周的种子置于太阳下暴晒，当大多数的种子裂口时，即可播种。

(4) 温水浸泡法

将种子放在80℃温水缸中，立即搅拌，使其自然降温后，继续浸泡，需每天换水，至种子膨大裂口，即可播种。此法还可同时杀死种子表面的病原菌。

5.1.5 播种

(1) 播种时期

可分为秋播和春播。秋播一般在核桃采收后至土壤结冻前进行（一般在10月下旬~11月上旬）。应注意秋播不宜过早和过晚，过早气温高，种子在湿土中易发芽或霉烂，且易受到牲畜鸟兽危害；晚播则土壤结冻，操作困难。秋播的优点是不必进行种子处理、出苗整齐、苗木生长健壮。但秋播需要注意冬季防寒和鸟兽危害。

春播宜在土壤化冻后进行，一般北方地区在3月下旬~4月初进行。春播种子需要进行处理，播种期短、田间作业紧张。若延迟播种，则气候干燥、蒸发量大、不易保持土壤湿度，同时，生长期短、生长量小，会降低苗木质量。需要加强苗木田间管理水平，提高优级苗木率。

(2) 播种方法

核桃属于大粒种子、商品价值高，为节省种子，多采用点播。在苗圃地育苗时以条沟点播为主，播种时先做好1m宽的苗床，每床播2行，最好采用宽窄行，便于嫁接时操作，宽行40cm，窄行20cm。播种前，先浇一次透水，待土壤湿度适宜时播种，株距10cm。在缺水干旱地区，可采用灌沟的方法。开沟后顺沟灌水，待水下渗后再播种。播种时种子的放置方法是种子缝合线与地面垂直，种尖向一侧摆放，这样胚根出来后垂直向下生长，胚芽向上萌出、垂直生长，苗木根颈部平滑垂直，生长势强。否则苗木出土晚、生长势弱，更重要的是苗木根颈部弯曲，以致室内嫁接无法采用，即使生长健壮，也被列为等外苗。播后埋土深度一般为种子直径的3~5倍，种子上面的覆土厚度一般为5~8cm。通常，秋播较深，春播较浅；缺水干旱的土壤播种较深，湿润的土壤播种较浅；沙土、沙壤土比粘土应深些。播种后及时覆膜以提高地温、保墒、提高出苗率。

（3）播种量

因株行距和种子大小而异，一般播种量在 90～150kg/667m^2 之间。准备种子时，其总量要根据播种方法、株行距、种子大小及质量具体计算。最好在播种前先调查一下出芽率，以便准确计算播种量。

5.1.6 苗期管理

核桃春播后 20d 左右开始发芽出苗，40d 左右出齐。要培养健壮的砧木苗，必须加强实生苗的田间管理。

（1）补苗和去地膜

当苗木大量出土时，应及时检查，若发现缺苗严重，应及时补苗，以保证单位面积的成苗数量。补苗的方法：可用水浸催芽的种子重新点播，也可以将边行或多余的幼苗带土移栽。地膜覆盖育苗时，在出苗期应及时检查，及时破膜。待外界气温、地温不断回升时，再去掉地膜。

（2）肥水管理

一般在核桃出苗期不需浇水，以免造成地面板结。但北方地区春季多干旱多风、土壤保墒能力较差，出苗率多受影响，需要及时灌水，并视具体情况进行浅松土。当苗出齐后，为了加快生长，应及时灌水，五六月份是苗木生长的关键时期，北方一般要灌水 2～3 次，结合追肥施速效氮肥 2 次，每次施硫酸铵 10kg/667m^{2}左右。七八月份雨量较多，可根据雨情决定灌水与否，并追施磷钾肥二次。此外，可进行叶面喷肥，用 0.3% 的尿素或磷酸二氢钾喷布叶面，每 7～10d 一次。在雨季较多的地区或季节，要注意排水，以防苗木晚秋徒长或烂根死亡。

（3）中耕除草

及时中耕除草可以疏松表土、减少蒸发、防止地表板结，有利于气体交换、提高土壤有效养分的利用率、给土壤微生物活动创造有利的生长条件。幼苗前期，中耕深度为 2～4cm，后期可逐步加深到 8～10cm。中耕除草应与追肥灌水紧密结合进行，除在杂草旺盛生长季节进行几次专项中耕除草外，每次追肥灌水后，及时中耕和消灭杂草。核桃苗圃地要保持表土疏松、地无杂草。

（4）断根

可在夏末对实生苗进行断根处理。育苗时切断主根，可促进侧根发育，提高苗木质量，从而提高栽植成活率，并且有利于嫁接苗的顺利起苗。断根方法：在行间距离苗木基部 20cm 处，用断根铲呈 45°斜插地面，将主根切断。断根后，要加强肥水管理，促进伤口愈合及侧根发育。

(5) 防治病虫害

核桃苗木的病害主要有黑斑病、炭疽病、苗木菌核性根腐病等。其防治方法为：播种前进行土壤消毒，用1%硫酸铜或甲基托布津1 000倍液配合浇水进行消毒，防治苗木菌核性根腐病。对黑斑病、炭疽病、白粉病等，可在发病前每隔10～15d喷等量式波尔多液200倍2～3次，发病时喷70%甲基托布津可湿性粉剂800倍液，防治效果较好。

核桃苗木的虫害主要有象鼻虫、刺蛾、金龟子等。应选择适宜时期喷施菊酯类农药或灭幼脲3号进行防治。

(6) 越冬防寒

多数地区核桃苗不需要防寒，但在冬季经常出现－20℃以下低温的地区，则需要做好苗木的保护工作。其方法是：①将苗木弯倒埋土。②用熬制好的聚乙烯醇将苗木主干均匀涂刷。聚乙烯醇一般采用聚乙烯醇∶水＝1∶15～20的比例进行熬制。首先用锅将水烧至50℃左右，然后加入聚乙烯醇（不能等水烧开后再加入，否则聚乙烯醇不能完全溶解，溶液不均匀），随加随搅拌直至开锅，再用文火熬制20～30min后即可，待温后使用。采用此法可防止苗干失水抽条，使苗木安全越冬。

5.2 嫁接苗的培育

核桃嫁接苗培育主要采取枝接和芽接2种方法。由于其枝条结构特殊，具有中空的髓心，并且具有伤流，枝接一般不采用劈接，可采用的方法有双舌接、插皮接和插皮舌接，多采用插皮舌接，并且需要采取特殊保护措施，尽管如此，枝接成活率也不像苹果、梨等那样能达到95%以上，技术高的熟练工嫁接成活率也就70%。核桃芽接目前主要采用方块形芽接，成活率可以达到95%以上，是简便易行的方法。

5.2.1 接穗选择

选接穗前，首先应选好采穗母树，采穗母树应为生长健壮、无病虫害的优良品种。早实优良品种有绿岭、香玲、鲁光、中林1号等。由于接穗的质量直接关系到嫁接成活率的高低，因此，应加强对采穗母树的综合管理。合格的穗条标准应该是：枝接穗条为长1m左右，粗1～1.5cm的发育枝，枝条要求生长健壮、发育充实、髓心较小、芽子饱满、无病虫害。芽接所用的穗条应是木质化较好的当年发育枝，幼嫩新梢不宜作接穗。

5.2.2 接穗的采集、贮运及处理

(1) 接穗的采集

核桃接穗的采集时期，因嫁接方法的不同而异。硬枝嫁接所用的接穗，从核桃落叶后到翌春萌芽前均可进行采集。对于北方核桃抽条严重或枝条易受冻害的地区，以秋末冬初（11～12 月）采集为宜。此时采集的接穗要妥善保存，关键是防止贮藏过程中接穗水分损失。但因各个地区气候条件不同，采集的具体时间亦有所不同，冬季抽条严重和冬季及早春枝条易受冻害的地区，应在秋末冬初采穗；冬季抽条和寒害轻微地区，可在春季萌芽前采穗。芽接所用接穗多在夏季随用随采，如需短暂贮藏，运输时应采取保护措施，但贮藏时间一般不超过 4～5d。贮藏时间越长，成活率越低。

(2) 接穗的贮运

硬枝接穗的长途运输一定要在气温较低且接穗萌动前进行，而且要进行保湿运输。高温天气易造成霉烂或失水。严冬运输接穗还应注意防冻。可将接穗用塑料薄膜包严，膜内放入湿锯末或苔藓进行保湿。绿枝嫁接或芽接所用的接穗，最好进行低温、保湿运输。

接穗越冬贮藏，可在背阴处挖宽 1.5～2m、深 80cm 的贮藏沟，长度依接穗的多少而定。也可利用土窖、窑洞、冷库等贮藏，贮藏的最适温度是 0～5℃，最高不能超过 8℃。将标明品种的接穗平放在沟内，接穗的堆放厚度不宜太厚。30 和 50 根的小捆每放一层，中间要加 10cm 左右的湿沙或湿土；最上一层接穗上面要覆盖 20cm 的湿沙或湿土。为了保持土壤或沙子的湿度，接穗放好后，需要浇一次透水。土壤结冻后，将上面的土层加厚到 40cm。冬季采集的硬枝接穗不要剪截，也不要进行蜡封，否则，会因水分损失而影响嫁接成活。

芽接接穗由于嫁接时气温很高，保鲜非常重要，否则会降低嫁接成活率。嫁接处有接穗的，采下接穗后，立即使用，以防失水；嫁接处没有接穗的，要采用塑料膜包好，要通风，不可密封，里面放些湿苔藓或湿锯末等。运到嫁接地时，要及时打开塑料膜，放在潮湿背阴处，并经常洒水保湿。有条件的地方最好放在冷库中。

(3) 接穗的处理

枝接用接穗，嫁接前要进行剪截与蜡封等处理。接穗剪截长度因嫁接方法而异，室内嫁接所用接穗一般长 13cm 左右，有 1～2 个饱满芽；室外枝接一般长 16cm 左右，有 2～3 个饱满芽。剪截时要特别注意顶部第一芽的质量，

一定要完整、饱满、无病虫害，顶端第一芽距离剪口 1.5cm 以上。核桃枝条的梢段一般不充实，木质疏松、髓心大，剪截时应去掉。

蜡封能有效地防止接穗失水，提高枝接成活率。核桃接穗蜡封时，温度控制在 90 ~ 100℃。为了使蜡液温度易于控制，可在蘸蜡容器内加入水。将剪成小段的接穗在蜡液中速蘸一下，甩掉表面多余蜡液，再倒过来蘸另一头，使整个接穗表面包被一层薄而透明的蜡膜。在实际操作中，应注意蜡温不能过低，接穗表面也不能有水。蜡温低时（90℃以下），接穗表面蜡膜变厚，坚固程度变差；接穗表面有水，蜡膜发白，容易剥落。蜡封好的接穗，打捆、标明品种后，放在湿凉环境（如地窖、窑洞、冷库等）备用。蜡封最好在嫁接前 15d 左右进行，不宜太早。核桃绿枝嫁接不能采用封蜡方法防止接穗水分损失，可通过套塑料袋或包裹塑料薄膜的方法保湿。

5.2.3 砧木选择

应根据不同地区的生态条件和当地生产实际情况，来确定适合本地的砧木类型。一般我国北方采用核桃砧木或核桃楸砧木效果较好，南方以野核桃和铁核桃为宜。枝接砧木应选择 1 ~ 2 年生、干径 1.0cm 以上的实生苗；芽接砧木最好在春季进行平茬，嫁接在当年的嫩枝上成活率最高。用作室外硬枝嫁接的砧木，在土壤湿度不大、伤流不太严重的情况下，可随剪砧随嫁接。如果伤流较多，可在嫁接前 2 ~ 3d 剪砧，以减少嫁接时伤流的发生。

5.2.4 嫁接时期

核桃的嫁接时期因地区和气候条件不同而异。一般来说，室外枝接适宜时期从砧木发芽至展叶期，此时生长开始加快，砧木、接穗皮易剥离，伤流较少或没有，有利于愈伤组织的形成和成活。夏季芽接时间为 5 月上旬 ~8 月，方块芽接最佳时期为 5 月 20 日 ~6 月 20 日，嫩枝双舌接最佳时间为 4 月 20 日 ~ 6 月 30 日，带木质嵌芽接最佳时间为 4 月 30 日 ~5 月 15 日。

5.2.5 嫁接方法

根据嫁接时期和所用的接穗不同，可分为枝接和芽接两大类。

（1）枝接

①室内枝接：此法是利用温室和电热温床等人工控制嫁接愈合环境，使

砧、穗在适宜的条件下愈合成活。室内嫁接的砧苗于冬季土壤结冻前挖出，假植于工作室附近，接穗于落叶前采取，并贮藏于地窖或埋入湿沙内。嫁接前10～15d对砧木和接穗进行“催醒”2～3d（26～30℃）。嫁接时，砧、穗粗度应接近，用舌接法嫁接，绑缚牢固后放在26～30℃湿润介质（锯末）中促生愈伤组织，经10～15d，愈合完好，再置于5℃左右的地方保存，待春季4～5月份栽植到室外，培育成苗木。此法能有效地避免伤流液对嫁接成活的不良影响，并可人为地创造适宜砧穗结合的有利条件，具有适宜嫁接期长、成活后稳定等优点。

②室外枝接：室外枝接在室外利用座地苗直接嫁接成苗，但必须掌握好嫁接时间、技术措施和管理办法，否则，成活率难以保证，且受自然条件影响较大。

③常用枝接方法

a. 双舌接。室内枝接多采用此法。砧木用1～2年生实生苗，基部粗度1～2cm，起苗后，于根颈以上10～15cm平滑顺直处剪断，根系稍加修剪。选用与砧木粗细相当的接穗，剪成15cm左右，带有2～3个饱满芽的枝段。砧木上端与接穗下端各削成5～8cm长的大削面，在砧、穗斜面上部1/3处分别纵切一刀，深2～3cm，接舌适当薄些，否则接合不平。削好后立即插合，并尽量使形成层对齐。砧、穗粗度不一致时，要求对准一边形成层，最后用塑料绳捆紧绑牢，以免装土时碰歪。嫁接完后，先用高度25cm、直径10cm的纸袋扎紧，然后装入湿度约为16%左右的湿土，基本压实，最后用直径15cm、高度30cm的专用聚乙烯薄膜袋，从上往下套住，在纸袋下口扎紧。若为蜡封接穗嫁接法，则在嫁接完成后，直接用塑料条把接口部位包扎严密，并绑紧。4月中旬将嫁接好的植株定植于大田，浇水后2～3d覆盖地膜。

b. 插皮舌接。在砧木适当部位锯断（剪断），将断面用刀削平。然后将蜡封好的接穗下端削一大削面（刀口一开始要向下切凹，并超过髓心，然后斜削），长6～8cm。每一接穗保留2～3个芽。以手指将削面顶端捏开，使木质与皮层剥离。在砧木切面上选择树干光滑的一面，用刀切一月牙形，并用刀将砧木皮层上的粗皮轻轻削去，露出绿皮，月牙宽度0.8～1cm、长5～7cm，再把接穗的木质部插入砧木的木质部与皮层之间，使接穗的皮层紧贴在砧木皮层外面的削面上。包扎分两种情况：一种是用加厚地膜由下至上包扎，直至缠到接穗顶部；另一种是将地膜包扎后用废报纸扎成筒状，下部扎紧，筒长超过接穗5～10cm，在筒内装入湿土，轻轻捣实，土的高度超过接穗3～5cm，湿度以手捏成团、放手松散为宜，上部扎紧，套上塑料袋。

(2) 芽接

主要用方块芽接，此法成活率高，成活率可达90%以上，各地应用较多。操作要点如下：

a. 砧木处理。实生核桃苗高度在30cm以上的，在苗木萌芽前，一律将实生苗在离地面10cm左右处剪断，萌芽后每株留1个壮芽，其余新芽一律抹去。

b. 嫁接时间。嫁接最佳时期为平均气温24～29℃的时期，一般为5月20日～6月20日，温度过高过低都不利于嫁接愈合。

c. 接穗采集。在生长健壮、无病虫害的母株上，选择平直、光滑、芽体饱满、叶柄基部隆起小、直径在1.0～1.5cm的新梢剪下，去掉叶片，保留1.5～2.0cm长的叶柄，在保湿条件较好的地方存放备用，最好现采现用。

d. 取接芽。在采好的接穗上选择充实、饱满的芽体，最好选择接穗中部接芽，先用刀平切去掉叶柄，然后在芽体的上、下各横切一刀，间距3～4cm、刀口长2cm，在芽体两侧各纵切一刀，成长方形切块。用大拇指压住切好的长方块形接芽的一侧，逐渐向偏上方推动，将接芽取下，取下的接芽要带有维管束。

e. 开切口。在砧木当年生的新梢上、离地面15～20cm处选光滑的部位，先在下面横切一刀，垂直于横切刀口再向上纵切一刀，用取下的芽块作尺子，靠在砧木上的嫁接处，在上端横切一刀，开出与接芽同长的半"工"字形切口。

f. 嫁接与绑缚。撬开砧木皮层，将接芽片嵌入其中，撕掉多余的皮层。动作需迅速，尽量缩短接芽在空气中的暴露时间。然后，用1.5cm宽的塑料条进行绑缚，使接口密封、接芽贴紧砧木，并将叶柄处包严。

g. 剪砧木。在接芽上部保留2～3片复叶，剪除砧木上部其余枝叶，并将剩余部分叶腋内的新梢和冬芽全部抹掉。

h. 接后管理。接后15～20d，接芽开始萌发，要及时解绑，以利接芽生长。当接芽新梢长到30cm左右、有4～5片复叶时，将砧木从接芽以上全部剪掉。此后，要及时抹除从砧木上萌发的大量新芽。当接芽新梢长到40～50cm时，要及时设立支柱，固定接穗，以防风折。

5.2.6 影响嫁接成活的因素

与其他树种相比，核桃嫁接繁殖仍存在技术难度大、成活率低且不稳定等问题。影响核桃嫁接成活的因素，主要包括砧木和接穗的亲和力、砧木和接穗的质量、伤流、温度、湿度、嫁接时期和嫁接方法等。

(1) 砧穗间的亲合力

砧穗间的亲合力是指砧木和接穗嫁接后能够形成愈伤组织、输导组织并相互连接而成活、形成新植物个体的能力。亲缘关系越近，亲合力越强；亲缘关系越远，亲合力越差。就我国核桃常用的几种砧木而言，核桃与核桃之间、铁核桃与泡核桃之间亲合力都较强；而核桃与核桃楸、核桃与枫杨之间嫁接常表现后期亲合力较差、保存率较低及“小脚”现象。不同核桃品种之间的亲合力也不完全相同。

(2) 砧木和接穗的质量

砧木和接穗的质量显著地影响核桃的嫁接成活率。一般认为，接穗越粗、芽子越饱满、髓心越小、失水越少，嫁接成活率越高。一般春季形成的接穗木质化程度高、髓心小，嫁接成活率较高；秋季形成的接穗木质化程度差、髓心大，嫁接成活率较低。同一发育枝上，中下部的枝段嫁接成活率较高，上部梢段嫁接成活率较低。接穗的保鲜程度（特别是接穗含水量）与嫁接成活有着密切的关系，从接穗采集到嫁接前，包括运输或贮藏过程中的每一个环节，都会发生水分损失甚至在嫁接后到砧穗愈伤组织相互连接前，也会因水分散失而影响嫁接成活率。因此，如何减少接穗水分损失，是提高嫁接成活率的关键。

(3) 伤流液

在休眠期嫁接核桃易发生“伤流”，这是影响核桃嫁接成活的重要因子之一。大量伤流液在接口集聚，会影响接口处砧穗的呼吸作用，抑制愈伤组织的形成和嫁接成活。为提高嫁接成活率，在生产中，常用嫁接前断根、砍锯放水口、推迟嫁接等方法来减少伤流的发生。

(4) 温度和湿度

核桃嫁接成活与环境的温、湿度有着密切的关系。一般核桃形成愈伤组织适宜温度为24～28℃，低于15℃或高于35℃，不利于愈伤组织形成。春季硬枝嫁接，温度低，延缓了愈伤组织的形成和愈合速度，是影响嫁接成活的主要原因；夏季芽接，高温影响愈伤组织的形成和嫁接成活。因此，根据愈伤组织形成对温度的要求，选择适宜嫁接时期，是嫁接成功的另一重要条件。接口适宜湿度是砧、穗双方愈合的首要条件。因此，进行嫁接时，除将接穗蜡封保湿外，接口包扎严密与否是影响核桃嫁接成活非常重要的条件。许多嫁接失败的原因是由于接口包扎不严，导致接口湿度降低所致；相反，接口湿度过大或积聚伤流，也会影响嫁接成活。此外，空气湿度可影响到接穗水分的散失速率，间接地影响嫁接成活。土壤水分状况与砧木生长势和形成层分生细胞活跃状态有关。砧木容易离皮和接穗水分含量充足时，双方形成层分生能力都较强，愈伤和愈合较快；土壤干旱缺水，砧木形成层活动微弱，必然影响嫁接成活率。

（5）嫁接时期

主要通过环境条件影响砧木、接穗的生理状态及砧木伤流量，进而影响愈伤组织的形成与嫁接成活。室外枝接一般从砧木开始离皮至砧木展叶期嫁接成活率较高；在河北省中南部芽接适期一般为5月20日~6月20日。

（6）嫁接方法

适宜的嫁接方法和正确熟练的嫁接技术，也是提高核桃嫁接成活率的重要条件。砧木和接穗削面平滑，形成层密接，操作迅速准确，接口包扎严密者，嫁接成活率较高。反之，会降低成活率。

5.2.7 嫁接苗管理

从嫁接到完全愈合及萌芽抽枝需要30~40d的时间，为保证其健壮生长，应加强管理。

（1）放风

枝接后20~30d，接穗开始发芽、抽枝展叶，这时每隔2~3d观察一次，对展叶的可将塑料袋及纸袋的上端打开一小口，让新梢尖端伸出，不要一次性打开。

（2）除萌、剪砧

把芽接后砧木的所有萌芽全部除掉、保留叶片，以防直晒芽片，影响成活率；当接芽长到30cm时，把接芽以上的部分剪掉；接芽成活后及时解绑，解绑后继续保持除萌工作。枝接接穗芽已萌发抽枝，要及时除掉砧木的萌芽，如枝接接穗不能萌发，可在合适部位保留1个萌芽，以便抽枝后进行芽接。

（3）防风折

核桃枝条较粗、叶片较重，加上新梢生长较快，很容易造成风折，暴风雨天气尤其严重。在风大地区，新梢长达30~40cm时，应及时在苗旁立支柱引绑新梢。

（4）解绑

枝接2~3个月后，要将接口绑缚材料放松一次，但不能将绑缚材料去掉。芽接当接芽长到5cm以上时，要及时去掉塑料条，以免绑缚过紧影响新梢生长。

（5）肥水管理

嫁接后，视土壤墒情加强肥水管理，在土壤缺墒不太严重时，嫁接后2周不浇水施肥，当新梢长到10cm以上时，应及时追肥浇水，也可将追肥、灌水与松土除草结合进行。秋季应适当增加磷钾肥，以防苗徒长。

(6) 加强病虫害防治

在新梢生长期，避免遭受食叶害虫危害，要及时检查、注意防治。

(7) 冬季防寒

可采用苗木落叶后涂白或者全树涂聚乙烯醇防止抽条，在上冻前浇封冻水，使苗木安全越冬。或进行培土防寒，即在土壤封冻前，在嫁接苗根际培土防寒，培土厚度应超过接芽6~10cm。春季解冻后，及时扒开防寒土，以免影响接芽的萌发。对于生长较高的苗木，可将苗木弯倒后再进行培土防寒。

5.3 苗木出圃与贮藏

苗木出圃是培育苗木的最后一关，起苗工作的好坏直接影响到苗木质量和栽植的成活率。

5.3.1 苗木出圃

(1) 出圃时期

苗木应达到地上部枝条健壮、成熟度好、芽饱满、根系健全、须根多、无病虫等条件才可出圃。起苗一般在苗木的休眠期，从秋季落叶开始到翌年春季树液开始流动前都可进行。春季起苗宜早，要在苗木开始萌动之前起苗，起苗时间在11月中旬~翌年3月为宜。如在芽开放后再起苗，会大大降低苗木成活率；秋季起苗应在苗木地上部停止生长后进行，此时根系正在生长，起苗后若能及时栽植，翌春能较早开始生长。春天起苗可减少假植程序。由于我国北方核桃幼苗在圃内具有严重的越冬“抽条”现象，所以，起苗时间多在秋季落叶后到土壤结冻前进行。对于较大的苗木或“抽条”较轻的地区，也可在春季土壤解冻后至萌芽前进行起苗，或随起苗随栽植。

(2) 起苗前准备

起苗前，必须先对所培育的实生苗或嫁接苗的数量和质量进行抽样调查。根据调查结果制定起苗出圃计划和操作规程。核桃是深根性树种，主根发达，起苗时根系容易受到损伤，且受伤之后愈合能力较差。因此，起苗时根系保存的好坏对栽植成活率影响很大。为减少伤根和起苗容易，要求在起苗前一周灌一次透水，使苗木吸足水分，这对较干燥的土壤尤为必要。

(3) 起苗方法

核桃起苗方法有人工和机械起苗两种。机械起苗用拖拉机牵引的起苗犁进行；人工起苗要从苗旁20cm处开沟、深挖，防止断根很多、伤口大，力求多带侧根和细根。注意不要损伤苗木皮层和芽眼。对于过长的主根和侧根，因不便掘起可以切断，切忌用手拢苗。掘出的苗木不能及时运走时，必须临时假植。对少量的苗木也可带土起苗，并包扎好泥团，最大限度地减少根系的损伤。要避免在大风或下雨天起苗。

5.3.2 苗木分级、运输和假植

（1）苗木分级

苗木分级是保证出圃苗的质量和规格、提高建园时的栽植成活率和整齐度的工作之一。核桃起苗后，应立即在背风的地方进行分级、标记品种名称，严防混杂。苗木分级的原则是：必须品种纯正、砧木类型一致；地上部分枝条充实、芽体饱满、具有一定的高度和粗度；根系发达，须根多、断根少；无检疫对象、无严重病虫害及机械损伤；嫁接口愈合良好。苗木的出圃规格如表5-1。

表5-1 核桃嫁接苗质量等级（GB7907－1987）

项　目	1级	2级
苗高（cm）	>60	30～60
基径（cm）	>1.2	1.0～1.2
主根保留长度（cm）	>20	15～20
侧根条数	>15	>15

（2）运输

根据运输要求及苗木大小，嫁接苗按20株或50株一捆。不同品种分别打捆，挂上标签，注明品种、苗龄、等级、数量等，然后装入湿蒲包内，喷水。运输过程中，要防止日晒、风吹和冻害，并注意保湿。达到目的地后，立即解绑假植。苗木运输最好在晚秋或早春气温较低时进行。外运的苗木要经过检疫，以防病虫害蔓延。

（3）苗木假植

出圃后的苗木如不能及时定植或外运，应进行假植。根据假植时间可分为短期（临时）假植和长期（越冬）假植，临时假植一般不超过10d，可挖浅沟，只要用湿土埋严根系即可，干燥时及时喷水。越冬长时间假植方法如下：

①地址选择。要选择地势平坦高燥、背风向阳、排水良好、交通方便的地方。沟的方向应与主风风向垂直，沟深 1m、宽 1.5m，长度据核桃苗数量而定，沟最好是南北向，假植时在沟的一头先垫一些松土。

②物品准备。要准备足够的洁净河沙、0.5% 的多菌灵、高梁秆（秫秸）、温度计、标签等物品。

③沙藏：首先在沟底铺 10～15cm 厚的湿沙，沙子要用 0.5% 多菌灵进行消毒处理。再在沟的北头摆放一排苗木，一棵一棵摆开，不能重叠，苗木成 45°角。苗木放好后填一层湿沙，湿沙数量以埋住嫁接口为宜，接着再摆放苗木，填沙。假植沟内每隔 1m 放一个秫秸把通气。所有的苗木摆放完后，往沟里填沙子，深度应达苗高的 3/4，土壤结冻前，将苗顶以上加厚到 20～30cm。最后在沟内随机埋入温度计，便于以后观察。

（4）后期管理

定期观察沙内的温度、湿度以及苗木根系的变化情况。温度要控制在 1－6℃。当发现沙内温度超过 9℃时，要罩上遮阴网降低沙内温度；但沟内温度低于 0℃，或沙内结冰时要罩上塑料拱棚。沙的湿度是手握成团不滴水，沙子含水量低时需要加水，一定不要过量。

第六章

低产劣质核桃树高接换优技术

核桃低产劣质树的换优改造是快速推广优良品种、提高核桃质量、尽快实现优良品种规模化产业化栽培的重要途径。一般核桃树改接后第三年便可恢复原来的树冠，达到盛产期的产量水平，因此，低产劣质核桃树高接换优技术是核桃生产中的一项重要技术。

6.1 低产劣质核桃树高接换优的意义和前提

6.1.1 高接换优的意义

由于我国核桃品种化栽培时间较短，核桃嫁接苗培育相对较难，良种苗木一直供不应求，因此，近十几年来还是大面积发展了实生核桃。据不完全统计，河北省仅在退耕还林过程中就发展了约 $10 \times 10^4 hm^2$ 实生核桃。这些实生核桃一是结果晚，多数十年左右进入盛果期；二是果实大小、颜色、果壳厚薄相差很大，商品性能差；三是产量不稳定，有的单株产量高，有的单株产量低，严重影响核桃栽培的经济效益，大部分需要改造；此外，由于良种化进程较慢，法制化管理没有跟上，造成良种苗木纯度低、品种杂，有的品种苗木的纯度不到40%，严重影响栽植后的经济产量和产品品质。因此，对实生核桃和良种核桃中的混杂单株，应该进行改劣换优。

成龄树中连续几年结果不良的单株、品质不好的单株，均应进行高接改造。一般高接换优后第二年可以恢复树冠，第三年可以丰产。

6.1.2 高接换优的前提

(1) 树龄

高接换优树的树龄一般不宜超过30年，30年生以上的大树多数嫁接后愈合能力降低、愈合不良，造成嫁接部位干枯。

(2) 树势

高接换优树的树势要强旺、无严重病害和大的树体损伤。衰弱树、病老树不宜进行改劣换优。

(3) 生长环境

高接换优树的生长环境要适宜，首先要有较厚的土层和较肥沃的土壤，一般土层厚度要在1m以上，要有良好的集水条件，要有一定的集水面积或灌水条件。其次要有良好的光照条件，不能处于风口地带。

(4) 管理水平

进行改劣换优的核桃树，地下管理和地上管理均需加强，要提高管理水平，增强树势，以便促进改接后树冠的恢复和产量的提高。

6.2 低产劣质核桃树的高接换优方法

低产劣质核桃树的改接换优方法对于改接成活率和改接后的树体恢复影响极大，因此，必须采用适当的方法进行改接。大树改接与嫁接育苗的基本方法接近，但是，大树砧木树皮较厚，直接芽接不易成活，因此，需要进行预处理。改接方法不同，嫁接时期和处理程序不同。

6.2.1 改接前的预处理

枝接可以在春季直接进行嫁接；芽接在当年生新梢上嫁接成活率最高，因此采用芽接改接时，改接树需要进行预处理。树龄不同，预处理方法不同，三年生以下的树于春季萌芽前，在主干上离地面30～40cm处截断，萌芽后留2～3根新梢，其余抹去；三年生以上的树于春季萌芽前，将主枝保留8～10cm，全部剪断，萌芽后每主枝留1根新梢；在第一层主枝以上将中心干保留15～20cm截断，萌芽后保留2根新梢。

改接预处理最好与造形同时进行，改造时最好将多余的主枝去掉，选将来要保留的主枝进行预处理。一般三年生以下的密植树改造时建成多主枝丛状形；三年生以上不足十年的密植树改接时，选择单层高位开心形；三年生以上稀植大冠树改造时，改造成主干疏层形。

6.2.2 品种选择

高接换优应选择适应性强、表现良好、丰产性强、坚果品质优、嫁接成活率高、成形快的品种。如：绿岭、香玲、鲁光、中林1号等。改接同样要注意产业化生产的要求，不要嫁接很多品种，最好一个地区只嫁接1~2个品种。

6.2.3 嫁接方法

核桃大树高接换优，可以采用多种方法，最常用也比较有效的方法是春季插皮舌接和夏季方块形芽接。春季插皮舌接成活率达85%以上，夏季方块形芽接成活率达95%以上。

（1）春季硬枝插皮舌接

核桃大树高接换优春季枝接一般采用插皮舌接。嫁接时间一般在春季核桃萌芽期。嫁接时在距地面80cm以上、直径在8~10cm的树干或主枝上截断，先在下部树干上斜开3~8道放水口，然后用快刀将树干断口削平滑。嫁接用的接穗提前削好，放于有水的塑料袋中。嫁接时，在树干平滑的断面下，选光滑处，由下向上将树干外皮层削出一个接近木质部的平滑削面，将接穗下端的皮层和木质部分离，木质部插入砧木的木质部和皮层之间，接穗皮层包在砧木皮层外面的削面处，接穗插至露着0.8~1cm削面为止。砧木断面直径5~7cm的插2根接穗，砧木断面直径在8~10cm的插3根接穗。用尼龙绳在接穗外绑紧；用一块纸或塑料薄膜，盖严砧木的断面，用双层废报纸在接穗外面围成一个圆筒，圆筒下端长于削面、上端高出接穗上端3~4cm，纸筒下部用尼龙绳在砧木上绑紧，上部装入潮湿的细土，也用尼龙绳绑紧；外面套上直径相当的塑料袋。

待接穗萌芽后，及时开孔放风。嫁接新梢20cm左右时，去掉塑料袋，绑上支棍。新梢40cm时，及时摘芯。

（2）夏季方块形芽接

核桃夏季芽接多用方块形芽接。最佳嫁接时期为气温稳定在25~28℃的时期，河北省中南部多在5月中旬~6月下旬，此时温湿度条件适宜，砧、穗生长旺盛，接后容易形成愈伤组织，接芽萌动快，生长量大，木质化程度高，有利于安全过冬。嫁接方法与苗木培育中的方法相同。

6.2.4 改接后的管理

（1）补接

无论春季还是夏季，均要在嫁接后20d检查成活情况，未接活的及时进行补接。春季补接不活的还可以夏季芽接。

（2）除萌

对嫁接后接穗已经成活的植株，要及时除掉砧木上所有萌芽，一般每10d左右一次，连续3～4次。春季嫁接未成活的，每处断面保留2～3个萌芽，过多的萌芽也要去掉；夏季芽接后20d内，要去掉所有砧木萌芽；20d后，接芽未成活的可以保留接芽以下的萌芽。

（3）剪砧、解绑

夏季芽接的，当接芽长到5cm时剪砧，把接芽以上的部分剪掉。无论春季枝接还是夏季芽接，均要在接芽长到15～20cm时进行解绑，并绑缚支棍，防止风折。

（4）摘心

当嫁接的新梢长到40cm左右时，要及时摘心，摘除顶端的5～8cm嫩梢，促进分枝和新梢基部增粗。

（5）及时防治病虫害

嫁接当年春季要注意防治食芽害虫金龟子；夏季要注意防治毛翅夜蛾等所有食叶害虫，保证接芽的安全萌发和生长。改接后的树干要涂白，防止夏季日烧。

（6）肥水管理

嫁接后，视土壤墒情加强水肥管理，在土壤缺墒不太严重时，嫁接后2周内不浇水施肥，当新梢长到10cm以上时应及时追肥浇水，也可将追肥、灌水与松土除草结合进行。没有灌溉条件的大树，可进行叶面喷肥，每10～15d喷施一次300倍尿素，还可与病虫害防治时的农药一起喷施；一般8月中旬以后应停止喷施尿素，改为300倍磷酸二氢钾，以防新梢徒长。

（7）冬季防寒

多数嫁接当年萌发的新梢，耐寒力较差，最好在冬季采取适当的防寒措施。方法是在秋季落叶后，对所有一年生枝进行涂聚乙烯醇处理。

6.3 低产劣质核桃树高接换优后的整形修剪

低产劣质核桃大树由于砧木根系强大、贮藏营养充足，高接后生长量很大，有时当年新梢可达1.5m以上。因此，要特别注意树形的培养，否则，会造成营养的巨大浪费。

6.3.1 树形选择

根据原来的树体状况，在改接时就要确定改造后要培养的树形。已经成形且树干较高的稀植大树，可以改造成主干疏层形；已经成形且树干较高的密植大树，可以改造成单层高位开心形；树干较低且树龄较小的密植树，可以改造成多主枝丛状形。

（1）主干疏层形

核桃树的主干疏层形树体结构为：全树分上下2层，下部第一层留3~4个主枝，上面着生侧枝和结果枝组；向上间隔1.5m左右，再留一层，2~3个主枝；上面开心，不再留主枝或大型结果枝组。

（2）单层高位开心形

本树形的主要结构为：在离地面60cm以上的约1m左右的中心干上，均匀地培养6~8个主枝，充分占满各个方向，均拉成70~80°角。每个主枝长度在1.5~2m，着生结果母枝40~50个，结果枝70~80个，结果80~100个。

（3）多主枝丛状形

本树形的主要结构为：在离地面60cm以上的约30cm左右的中心干上，着生3~4个主枝，在主枝的20cm左右处分枝2~3个，每个分枝培养2~3根长结果母枝，每个结果母枝着生结果枝15根以上，结果20个以上。

6.3.2 整形修剪技术

（1）主干疏层形

①夏季修剪 对于改接后欲培养本树形的树，改接后欲留作主枝的新梢，为了保证将来两侧能均匀地配置侧枝和结果枝组，在长至45~50cm时，要及时进行摘芯，摘芯时保留35~40cm，同时摘去保留梢段上部的第二片叶，以便促发分枝。对于不作主枝的新梢，当新梢长到30cm左右时，要及时摘芯，摘除顶端的5~8cm嫩梢，促进分枝，培养成结果枝组。

②冬季修剪 冬季修剪时，对于主枝延长枝，保留35~40cm短截；对于侧枝延长枝保留25~30cm短截。

（2）单层高位开心形

①夏季修剪 改接后欲培养本树形的树，改接后欲留作主枝的新梢一般不进行夏季摘芯，主要的夏季修剪措施是只在改接当年的8月中下旬对新梢进行拉枝开角，均拉成70～80°角。拉枝时间以新梢即将停长封顶时为好。拉枝方法是先用手将新梢轻轻揉开，然后用细尼龙批儿绑缚即可。

②冬季修剪 冬季修剪时间以春季萌芽前为好，对于长度在1m以上的主枝，采用缓放修剪；对于长度不足1m的短主枝，采用极重短截法在基部保留20cm左右进行短截。

（3）多主枝丛状形

①夏季修剪 对于改接后欲培养本树形的树，所有的新梢，在长至30cm左右时，要及时进行摘芯，摘芯时保留20cm左右，同时摘去保留梢段上部的第二片叶，以便促发分枝。

②冬季修剪 冬季修剪时，所有枝均保留25～30cm短截。

第七章

建园技术

建园是核桃生产的基础环节。核桃是一次种植，几十年收益的特种经济林，建园环节的好坏，直接影响以后的收益性以及结果早晚和树体的寿命。因此，建园是必须高度重视的技术环节。

7.1 园地选择和建园准备

核桃为深根性树种，具有喜光、喜土层深厚等特性，因此，建园前应根据核桃的生物学特性，以适地适树和品种区域化为原则，选择适宜核桃生长结果的地块，进行合理规划设计，高标准整地，选择优良品种和优质苗木进行建园，以实现早实、优质、丰产、稳产的目标。

7.1.1 园地选择

(1) 园地选择的基本要求

根据绿色食品生产基础要求，应选择空气清新、水质纯净、土壤未受污染、具有良好农业生态环境的地区建园，尽量避开繁华都市、工业区和交通要道，多选择在边远省区、农村等。土壤、大气、灌溉水质量符合NY/T 391—2000 规定（详见第二章）。

另外，核桃忌地性非常明显，因此，选择核桃园地应当避开重茬地。重茬地土壤有害物质（包括前茬树体的分泌物、病菌、害虫、农药及其他农用化学物质残留等）含量较多、土壤养分匮乏、微生物群落发生改变、有害生物积累多，严重影响后茬核桃树的生长。

园地选择还要做到“因地制宜、适树适地”，使栽植核桃的生态学特性与建园地的立地条件相适应，以充分发挥生产潜力，达到在该立地及当前技术经济条件下所可能达到的较高产量水平，获得最大的经济效益。核桃“适地适树”有两条途径，一是选树适地和选地适树：选择适合于某种立地条件的品种，在其上进行建园；或者是确定了某一品种，为其选择适当的立地条件。在土层深厚、土壤肥沃、地下水位低、有灌溉条件的平原区、山区缓坡及丘陵地带（即肥水条件好的地区），可选择丰产性强、对肥水条件要求较高的品种，如香玲、鲁光等。二是改地适树，即在地和树之间，某些方面不甚相适应的情况下，通过选品种、整地等方法，改变品种和园地的某些特性，使它们又能相适应，如通过选种工作增强树种的耐寒性、耐旱性或抗盐性，以适应在寒冷、干旱或盐渍化的立地条件下生长；通过整地、施肥、土壤管理等技术措施改变园地的生长环境，使其适合于原来不适应的品种生长；沙荒地及轻盐碱地通过合理规划、改良土壤、正确设置排灌系统、选择合适的品种可栽培成功，如河北绿岭果业有限公司在荒岗丘陵区利用客土改良土壤，已经建立起高标准优质绿色核桃产业园。

（2）建园地点的选择

①平地：平地是指地势较为平坦，或向一方轻微倾斜或高差不大的波状起伏地带。海拔一般低于 200m，相对高度不超过 50m。平地地形变化微小、土层深厚、气候和土壤因子基本一致、没有垂直分布变化、水分充足、水土流失轻微、土壤较为肥沃，有利于核桃生长，便于核桃园的经营管理，利于机械化操作及生产资料和产品的运输。平地建园还有利于道路及排灌系统的设计和施工，建园投资较小，容易取得较好的经济效益，但日照、排水条件不如坡地。根据平地的成因和质地，可以把平地分为冲积平原、泛滥平原、滨湖滨海地等。

a. 冲积平原。地势平坦、土层深厚、土壤有机质含量较高、灌溉水源比较充足、交通便利。核桃生长发育良好，产量较高。在冲积平原建立核桃商品生产基地，易获得较高的经济效益。但在地下水位较高的地区建园，必须降低地下水位（1m 以下）。

b. 泛滥平原。为河流改道或河流泛滥形成的沙荒地，土壤的主要成分是沙粒或细沙，土粒极少。透气性好，但土壤贫瘠、肥力较低、多盐碱化、土壤理化性状不良，易造成植株露根、埋干和偏冠现象，且蒸发量大，土壤极易干旱，保水保肥性差，春季易受旱害。有些沙荒地土壤中分布有粘土层或白干土层，容易形成地下水较高的假水位，雨后树体易受涝害。同时，沙荒地风沙为害较重。因此，在沙荒地建立核桃园之前，应首先营造防风固沙林，打通不透水层，改良土壤、增施有机肥、解决排灌等问题。

②山地：山地空气流通、日照充足、温度日较差大、排水较好。但山地地形变化较大、土层较薄、水源缺乏、水土流失严重、水土保持工程投资较多、

建园成本高、管理不方便。

在山地建立核桃园时，应注意海拔高度、坡度、坡向及坡形等地势条件对温、光、水、气的影响。坡度：一般坡度越大，土层越薄、肥力与水分条件越差。坡向：阳坡光照充足，有利于核桃生长，但春季物候期早，易晚霜危害、易干旱，冬季树干日烧多；阴坡光照差，果实成熟晚，秋季停长晚，冬季易受冻害。生产上，在山地栽培核桃最好选择坡度5～20°、土层较厚的坡脚、地堰；山沟中建园应选择有冲积土的谷坊、坝内或两侧。在山地建园最好选择阳坡、半阳坡，但在光照充足、没有灌溉条件时，半阴坡和阴坡上的核桃树生长优于阳坡和半阳坡。

③丘陵地带：通常将地面起伏不大，相对高差200m以下的地形称为丘陵地，顶部与麓部相对高差小于100m的丘陵称为浅丘，相对高差100～200m者称为深丘。丘陵地是介于平地与山地之间的过渡性地形。深丘的特点近于山地，浅丘的特点近于平地。丘陵地没有明显的垂直分布带和小气候带，是核桃建园的理想地带。

由于核桃是深根性树种。根系的主要分布层在30～100cm的土层中，选择园地时要求土层深度必须在100cm以上，否则，必须通过改良土壤使其达到1m以上。不能达到的地块不能建核桃园。此外，要避开风口地带和低洼积水或夏季不通风的地带建园。

7.1.2 园地规划

（1）园地调查

在进行核桃园地规划前，必须对建园地点的基本情况进行详细调查，为园地的规划设计提供依据。调查内容包括：

①社会经济情况：包括建园地区的人口、劳力情况、经济状况、技术力量、能源交通情况、市场的销售供求状况及发展趋势预测等。

②核桃生产情况：当地核桃栽培的历史、现有核桃园的总面积、单位面积产量、总产量；经营规模、产销机制及经济效益；主栽品种生长结果状况；管理技术水平等。

③气候条件：包括平均温度、最高与最低温度、生长期积温、休眠期的低温量、无霜期、日照时数及百分率、年降水量及主要时期的分布，特别注意对核桃危害较严重的灾害性天气，如冻害、晚霜、雹灾、风害、涝害等。

④地形及土壤条件：山地核桃园应调查海拔高度、垂直分布带与小气候带、坡度、坡向、植被等；丘陵地和平地应调查土层厚度、土壤质地、土壤结

构、酸碱度、有机质含量、主要营养元素含量、地下水位及其变化动态、前茬树种或作物。

⑤水利条件：主要包括建园地点的水源、水利设施、灌溉机械和渠道完好率。

调查完毕写出书面调查分析报告。

（2）测量和制图

建园面积较大或山地建园，需进行面积、地形、水土保持工程的测量工作。平地测量较为简单，测量后将平面图绘出，标明突出的地形变化和地物；山地应进行等高测量，以便修筑梯田、撩壕、鱼鳞坑等水土保持工程。测量后绘制1：1 000的地形图，地形图上绘出等高线密度（平地0.5m一条，丘陵、山地1m一条）、高差和以地形图作基础绘制出的土地利用现况图、土壤分布图、水利图等供规划设计使用。

（3）核桃园规划

规划内容包括栽植区的划分，道路、沟渠、林带的配置，品种选择，株行距的确定，水土保持工程与建筑物的安排等。

①小区规划：栽植小区是核桃园的基本作业单位，其面积、形状、方位应与当地的地形、土壤、气候特点相适应，要与园内道路系统、排灌系统及水土保持工程的规划设计相互配合。为保证小区内农业技术的一致性，同一小区内土壤及气候条件应基本一致。在地形变化不大，耕作比较方便的平地，小区面积为3～4hm^2，呈长方形，行向南北；有风害的地区，小区长边应与主害风方向垂直。山地果园地形复杂，土壤、坡度、光照等差异很大，每个小区面积以2～3 hm^2左右为宜，或根据具体情况再小一些。一般以山头或坡向划分小区，小区间以道路、防护林、汇水线或分水岭为界，小区呈带状长方形，长边与等高线的走向一致，以利提高工作效率，更有利于水土保持工程的施工及排灌系统的规划。

②道路规划：为了使核桃园管理和运输方便，必须合理规划建设道路系统。各级道路应与小区、排灌系统、防护林系统、贮运设施及生活设施的规划布局相协调。一般大中型核桃园的道路系统包括主路、支路和小路。

a. 主路。应直接与外界公路相通，贯穿全园，宽5～8m。主路上可行驶汽车或大型拖拉机，在适当位置加宽至10m，以便会车。主路末端是断头路时，应在末端处修筑回车场。山地核桃园的主路可以盘山而上或呈“之”形上山，其坡度小于5°～7°，转弯半径大于10m。主路以石块垫底，碎石铺面，有条件的地方可以修成混凝土或沥青油路面，主路两边应设置排水沟和防护林。

b. 支路。横贯于各小区之间，与主路垂直，便于机动车或耕作机械通行。支路宽3～5m，最小转变半径大于3m。山地果园的支路一般沿坡修筑，坡度不超过12°。支路应铺设碎石路面，两边设排水沟和防护林。

c. 小路。是贯通小区内各树行或梯田各台面的人行通道或小型耕作机行驶道，宽1～3m。山地果园的小路可根据需要顺坡修筑，多修在分水线上，如修在集水线上，路基易被集流冲毁。小型核桃园为减少非生产用地，可不设主路和小路，只设支路。

③辅助建筑物：即园内的各项生产、生活用的附属建筑，包括办公室、宿舍、库房、晒场、堆贮场、饲养场、看护亭等，应根据果园规模的大小、布局、交通、水电供应等条件进行相应的规划与设计。园内建筑物规划，应以宁少勿多、不占沃土、方便适用为原则，以节省土地和造价、降低建园成本。

④排灌系统规划

a. 灌溉系统。分明沟灌溉、喷灌、滴灌和小管出流等。

• 明沟灌溉　平原地区可利用井、渠灌溉；山区和丘陵区多利用山谷修建水库、塘坝等，引水上山，进行灌溉。明沟灌溉是利用干渠将水引到核桃园并纵贯全园，干渠有1/1 000的比降。支渠将水从干渠引到核桃园小区，支渠有1/500的比降。毛渠则将支渠中的水引至核桃树行间及株间。为了减少渠道的渗漏损失，增强其牢固性，最好用混凝土或石材修筑渠道；或采用管道输水，以减少水的渗漏、节约水资源和取水成本。

• 喷灌　利用动力和水泵，从水源取水加压，或利用水的落差，水通过管道系统和喷头散射至空中成雨滴状再降落至园地。喷灌具有省水、节约渠道占地、不破坏土壤结构、不受地形限制、节约劳力等优点。但一次性投资较大，且风大时，易导致灌溉不均匀。

• 微喷　利用喷灌原理，采用小喷头或距地面很近处喷洒水分，其喷水范围较小，多在树干周围80cm处，水分蒸发少、节水。

• 滴灌　利用低压管道系统和分布在核桃园地面或埋入土内的滴头，将水一滴一滴地浸润核桃根系分布范围的土壤。优点是省水、不受地形限制、可同时滴灌溶水化肥、避免土壤冲刷；缺点是投资大、滴头易堵塞。

• 小管出流灌溉　目前，为克服滴灌滴头易堵塞的缺点，采用小管出流灌溉方式。小管出流的出水管直径在4mm左右，一般水中的杂质可以通过小管直接排出，不会造成出水管堵塞。每个出水小管基部装有一个自动流量调节器，可根据压力大小自动调节出水量。

b. 排水系统。有明沟排水和暗沟排水。

• 明沟排水　山地或坡地核桃园常用的排水系统，对于维持梯田的牢固、减少水土流失等具有重要的作用。平地核桃园通过排水渠排水；山地核桃园的排水系统按自然水路网的走势，由顶部集水的等高沟与总排水沟以及拦截山洪的环山沟（亦称拦山堰）组成。等高沟是建立在核桃园上方的一条较深的沿等高线方向的深沟，作用是将上部山坡的地表径流导入排水沟及蓄水池中，以免冲毁梯田。总排水沟应设在集水线上，走向应与等高沟斜交或正交。平地核桃园的明沟排水系统，由小区内的集水沟、小区边缘的排水支沟与排水干沟组成。

• 暗沟排水　在地下埋设排水管道或其他填充材料，形成地下排水系统，将地下水降低到要求的深度。暗沟排水不占用行间土地、不影响机械管理和操作，但造价较高。

⑤防护林的设置：防护林主要是改善果园生态条件，减少风、沙、寒、旱的危害，作用有降低风速、减少风害，调节温度，增加湿度，减轻冻害，提高坐果率，保持水土、防止风蚀，利于蜜蜂活动、增加蜜源等。

a. 防护林类型。防护林带大致有两种类型，即稀疏透风林带和紧密不透风林带。紧密不透风林带由乔灌木混合而成，中部为 4 ~ 8 行乔木，两侧（即在乔木下部）配栽 2 ~ 4 行灌木。林带长成后，上下左右枝叶密集，防护效果明显，但防护范围较小。稀疏透风林带由乔木组成，或两侧栽少量灌木，使乔灌之间有一定的空隙，允许部分气流从中下部通过。大风越过稀疏透风林带后，风速逐渐恢复、防风范围较大、排气良好、冷空气下沉缓慢、辐射霜冻较轻、园地积雪积沙比较均匀，是核桃园常用类型。

一般背风面的有效防风距离约为林带树高的 30 ~ 40 倍（最佳防护范围是树高的 15 ~ 20 倍）；向风面为 10 ~ 20 倍。

b. 林带间距。防风林带间距要根据选用的防护林树种、当地主要害风风速而确定。一般主林带之间的距离为 200 ~ 400m，副林带之间的距离为 500 ~ 1 000m；主林带宽一般 10 ~ 20m，副林带宽 6 ~ 10m。风大或气温低的地区，林带可宽些、距离可小些。

c. 防护林的配置。山地核桃园要充分考虑水土保持问题，主林带应规划在山顶、山脊以及风口处，与主害风的方向垂直。副林带与主林带垂直构成网络状。副林带常设置于道路或排灌渠两旁。地堰地边、沟渠两侧也栽上紫穗槐、花椒、酸枣、荆条、皂角等，以防止水土流失。平地核桃园的主林带也要与主害风的风向垂直，副林带与主林带相垂直，主副林带构成林网。其主、副林带基本上与道路和水渠并列相伴设置。防护林带与核桃园间的距离，南部的林带要求距末行核桃树不少于 20 ~ 30m，北面林带不少于 15 ~ 20m，在此间隔距离内，可设置道路与水利渠道，以经济利用土地。防护林最好与核桃同年栽植。

d. 防护林树种的选择。核桃园防护林所用树种应选择生长迅速、树体高大、枝叶繁茂、抗逆性强、适应当地条件、与核桃没有共同的病虫害、经济价值高的乡土树种。

⑥水土保持措施：山地及丘陵地建园，修筑水土保持工程是头等重要的大事，是建园成败的关键。

a. 梯田。丘陵和山地修筑梯田可减少坡面水土流失、拦蓄降水、加厚土层，有利于树体发育，便于栽培管理。梯田应等高修筑，梯田面的宽度与坡度有关，一般5°坡，阶面宽10～25m；10°坡，阶面宽5～15m；15°坡，阶面宽5～8m；20°～25°坡，阶面宽2～3m。

b. 撩壕。适于降水量较少、坡度较缓的地区。坡度在10°以下效果好，超过15°时，壕的外坡土壤流失严重，壕易被冲破，不宜采用。撩壕时，先在坡地按等高开浅沟，沟深20～30cm，在沟的外沿筑壕，使沟的断面和壕的断面成正反相连的弧形，树植于壕的外坡。壕间距离等于树的行距。

c. 鱼鳞坑。在坡面较陡或破碎的沟坡上，不便修筑梯田，可以修筑鱼鳞坑。鱼鳞坑可按品字形布置，挖成半圆形的土坑，坑的下沿（或外沿）修筑半圆形的土埂，埂高30cm左右。

⑦核桃园的档案建设：完成核桃园各项规划及整体规划后，便可绘制出正式的规划图，核桃园规划设计图、设计文书、核桃园权属文件证明以及在发展核桃的过程中每次采取技术措施的真实记录等内容都是重要的档案资料。搞好档案的建设工作是核桃园系统化、科学化管理的要求，同时档案资料能为后人借鉴，具有参考价值。

7.1.3 品种选择及授粉树配置

（1）品种选择

目前通过国家、省级鉴定、审定的核桃品种分为早实和晚实两个类型。早实核桃品种一般结果早、丰产性强，有些早实核桃品种对栽培条件要求严格，如果立地条件差、不施肥、不修剪，结果后4～5年就会因结果过多而衰弱死亡。因此，早实核桃最好在立地条件好的地方发展；在立地条件差、管理粗放的地方采用晚实核桃品种。

（2）授粉树的配置

核桃具有雌雄异熟、风媒传粉、传粉距离短及坐果率差异较大等特点，为了创造良好的授粉条件，要选择适宜的授粉品种。授粉品种的开花类型应该与主栽品种的开花类型正好相反，并且花期相遇，其坚果也应具有较高的商品价值。授粉树可按主栽品种和授粉品种隔行隔株配置，比例为5～6∶1。

7.1.4 整地

核桃树是寿命很长的经济林树种，一年栽树，几十年甚至上百年结实，因此，栽植前的整地非常重要。整地环节做不好，会影响核桃的一生，并且无法弥补。整地方法因立地条件而有所不同，一般分为全面整地和局部整地2种。

（1）全面整地

是翻垦建园地全部土壤的整地方法。这种方法改善立地条件的作用显著，清除灌木、杂草彻底，便于实行机械化作业及进行果粮间作，苗木容易成活，幼树生长良好，但用工多、投资大、易发生水土流失。全面整地适于平原地区，主要是草原、草地、盐碱地及无风蚀危险的固定沙地。

（2）局部整地

是翻垦建园地部分土壤的整地方式，又分为带状整地和块状整地。

①带状整地：是呈长条状翻垦造林土壤，并在翻垦部分之间保留原有植被一定宽度的整地方法。这一方法改善立地条件的作用较好、预防土壤侵蚀的能力较强，便于机械或畜力耕作，也较省工。

平原进行带状整地时，带的方向一般可为南北向，如害风严重，可与主风方向垂直；带宽1～2.5m；带长大多较长，以充分发挥机械效能；平原栽植核桃时的带状整地，也叫沟状整地。带状整地主要用于地势平坦、无风蚀或风蚀轻微的建园地，坡度平缓或坡度虽陡但坡面平整的山地和黄土高原，以及伐根数量不多的采伐迹地、林中空地和林冠下的造林地。整地时表土与心土分开放置，沟挖好后暴露一段时间后，分层压绿，每米壕沟至少压埋50kg绿肥或植物秸秆，用表土回填，表层回填土中混入腐熟的有机肥。

山地进行带状整地时，带的方向可沿等高线保持水平，带宽一般为1～2.5m，但变化幅度较大。带长应在可能的条件下长些，但过长则不易保持水平，反而导致水流汇集、引起冲刷。带的断面形式可与原坡面平行，或构成阶状、沟状。山地带状整地方法主要有水平带状（环山水平带）、水平阶（条）、水平沟、梯田、反坡梯田、撩壕及隔坡沟状梯田等。经多年实践检验证明，隔坡沟状梯田整地是北方山地营造核桃园及各种果园最好的整地方法。该法适于25°以下的缓坡面，最大不超过28°，否则会造成水土流失，国家《水土保持法》明令禁止25°以上坡面的开垦。隔坡沟状梯田的具体方法为：

a. 整地规格：田面宽2～2.5m，整地深1～1.2m，在相邻的两个田面之间，保留一段原来状态的山坡，称为隔坡。隔坡像一堵稳定的硬墙，可防止梯田被雨水冲毁，坡面上产生的地表径流能为下面的田面提供可储蓄的水分。隔坡的宽度视干旱程度及坡度而定，坡度越陡，隔坡越宽；降水量越少，隔坡越宽，一般为2~3.5m。田面的走向沿等高线按自然坡形修筑，田面总体上保持0.3%~0.5%的比降，以便排除过多的径流及有利于灌溉。在田面上，每隔80~100m设一条纵向的阶梯形排水沟，选在有坚硬岩石处（分水岭），用石块和水泥浆砌。

b. 测量定线。选一有代表性的坡面，设一纵向基线，沿基线自下而上按5.5m和4.5m的宽窄行距钉木桩，标上行号、桩号，然后用水准仪沿每一基桩向一侧或两侧放射测量，按设计的排灌水方向，保持0.3%~0.5%的比降，每隔10m立一标桩，并记上行号、桩号，直到第一排结束。对坡度较大的山坡，每4~5行要调整一次，沟间距过窄（<3.5m）的要减行，过宽（>8m）的要加行。最后用白灰按每排木桩的位置，随弯就势撒一条白线，即为梯田外沿。

c. 爆破施工。在最下面一条沟的白线以内约1m处定为沟状梯田的中心，将表土先清出，放在上面的隔坡上，基本上露出半风化层或母质，然后每隔1.5~2m打一深80~100cm的炮眼，装土制炸药300~500g，对坚硬半风化层及未风化母质进行爆破。爆破后从一端开始，挖1~1.2m深、上口2~2.2m宽的梯形沟，清出大石块放在梯田外坡，沟内留下碎石块及风化渣，然后将隔坡上面的表层土回填，不够时再从隔坡表层取一些土，最后修成外高里低的小反坡田面，外沿修成高20~30cm的田埂，以便蓄拦地表径流，在里面靠隔坡处修一条深20cm的排灌两用沟，俗称“外噘嘴、里存水、旱储涝排保供给”，每隔一行设一条作业小路。

除爆破施工外，目前还广泛采用开沟机挖掘方法进行整地。开沟机沿划好的白灰线向内上开挖，宽度1.2~1.5m，先将表层好土挖出放在上方，再将下面的砾石等挖出，放在白灰线的下侧，或直接装车运走，从外侧挖至深1.2m为止。开好沟后，将放在上方的表土先回填到沟内，然后再扒一些上方坡面的表土填到沟内，随后填入10cm左右的鸡粪，与下面的土混匀后，再用别处运来的好土将沟填平，田面做成外高里低的小反坡斜面。田面作好后，灌透水沉实，再次填平后等待栽植。

整地时间最好在雨季来临前或秋收过后，切忌雨季施工，以防洪水冲垮坡面。整好地后，坡面可人工种植高效牧草护坡。

②块状整地：是呈块状翻垦建园地土壤的整地方法。整地比较省工、成本较低，同时引起水土流失的危险性较小，但改善立地条件的作用相对较差。营

造核桃园，块状地的边长或穴径一般为1～1.5m。块状整地可用于山地、平原的各种地块。

7.1.5 苗木选择

苗木是建园的基础，苗木质量的优劣直接关系到建园后树体生长的好坏和产量的高低。核桃建园时应选择优级或一级嫁接苗，要求苗木品种纯正；根系完好、健壮（主根长25cm以上，无劈裂，具有20cm以上的侧根15条以上）；苗干粗壮高度100cm以上节间短、芽饱满、皮色光亮；无检疫病虫害；嫁接口愈合良好，符合国家有关苗木标准。对畸形苗、弱小苗、伤口过多和质量很差的苗木，应及时剔出，另行处理。外购苗木要严格履行检疫手续，运输中要注意防止风吹、日晒、冻害以及保湿和防霉。购入的苗木，因失水较多，应立即解包浸根一昼夜，充分吸水后，再行栽植或假植。

7.2 核桃栽植技术

7.2.1 栽植密度与方式

合理密植可增加叶面积、充分利用光能；减少空闲地、合理利用地力；可增强群体抵抗自然灾害的能力；同时还可免受阳光直射园内、保持园地湿润、提高土壤肥力。总之，应以单位面积获得高产、稳产、便于管理为总原则，也可以根据自己生产情况来掌握栽植密度。

（1）确定栽植密度的依据

确定栽植密度应考虑立地条件、品种特性、经营管理水平等因素。立地条件差的地方栽植密度要加大；否则相反。在经营条件好和技术水平高的地方栽植密度可加大；否则相反。生长速度慢及短枝型品种可适当加大栽植密度，否则相反。常见栽植密度有为：2～3m×4～5m等。

（2）栽植方式

栽植方式应在确定栽植密度的前提下，结合经济利用土地，便于机械管理，以及当地自然条件和品种的生物学特性来决定。常用栽植方式有2种。

①一次定植

a. 长方形栽植。是目前生产上广泛采用的一种栽植形式。其特点是行距大于株距、通风透光、便于机械操作管理及采收。

栽植株数 = 栽植面积/（行距 × 株距）

b. 正方形栽植。株距与行距相等，相邻四株可连成正方形。其优点是通风透光良好、管理方便。但若用于密植园，其树冠易于郁闭、通风透光条件差，且不利于间作。

栽植株数 = 栽植面积/（栽植距离）^{2}

c. 三角形栽植。株距大于行距，各行互相错开而呈三角形排列。此种栽植可提高单位面积上的株数，比正方形多栽 11.6%。但不便于管理和机械操作。

栽植株数 = 栽植面积/（栽植距离）^{2} ×0.86

d. 带状栽植。带内由较窄行距的 2～4 行树组成，实行行距较小的长方形栽植。两带之间的宽行距（带距），为带内小行距的 2～4 倍。由于带内较密，群体抗逆性较强。但单位面积内栽植株数较少。

栽植株数 = 栽植面积/株距 ×（带距 + 带内行距）÷带内行数

e. 等高栽植。适用于坡地和修筑有梯田或撩壕的核桃园。实际是长方形栽植在坡地核桃园中的应用。在计算株数时还要注意“加行”与“减行”的变化。

栽植株数≌栽植面积/（株距 × 行距）

②计划密植：是指开始栽植密度较大，以取得早期产量和经济效益；当后期枝条交叉影响永久树的正常生长和结果时，采用有计划的间伐和间移，以保证永久株的后期最高产量。计划密植具有投产快、抗性强、土地利用率高等优点。一般平地常以正常栽植距离的 1/2 进行栽植，以后分两批进行疏移和间伐。

无论是一次定植还是计划密植，都要同时栽植总定植苗量 10% 左右的加密株，以备秋季移植到缺株处，使全园整齐一致。

7.2.2 栽植时期

核桃栽植时期有春栽和秋栽两种。过去核桃一般采用春栽，但我国北方春季干旱风大、枝条易抽干，而且缓苗期长，影响当年的生长量。秋栽一般需防寒，否则新栽幼树易受冻害，影响成活率，秋栽如果防寒做的好，则可以避免春栽时间集中、干旱少水、缓苗期长等问题，并且可以使幼树提早活动，延长生产期，增加当年的生长量。

春栽：春季栽植是在土壤解冻后到春季苗木萌芽前进行栽植。冬季气温较低、冻土层很深，干旱多风的地区，多采取春栽。春栽能有效地防止秋季栽植后所栽苗木的抽条和冻害。一般在土壤解冻后抢墒及时栽植，宜早不宜迟，否则，会因墒情不良影响缓苗和成活。

秋栽：秋栽是指秋季苗木落叶后到土壤封冻前进行栽植。秋栽树翌年春萌芽早、生长快且健壮，若有死树，可在来年春及时补栽，从而使全园整齐一致，但应注意栽植后的幼树防寒。核桃幼树栽植后的防寒措施有幼树压倒埋干、树干缠塑料膜、缠尼龙袋、套塑料袋和树干涂聚乙烯醇等，以聚乙烯醇涂干省时间简便效果好。河北绿岭果业有限公司的研究表明：

秋栽不涂干防寒，成活率低，不足60%，不能满足生产需要。而秋栽涂聚乙烯醇防寒处理的，与春栽成活率无显著差异（表7－1）。因此，秋栽影响成活率主要是防寒措施不当，只要防寒措施得当，秋栽与春栽对成活率没有显著影响。

表7-1 不同栽植时期及处理方法的核桃栽植成活率

处 理	年 份	
	2001～2002年	2002～2003年
秋栽涂干	95.7A	98.7A
秋栽不涂干	53.7B	59.3B
春栽	93.0A	99.0A

注：数字右侧的字母为L.S.R分析结果，小写字母为5%水平，大写字母为1%水平。

秋栽幼树萌芽进程显著或极显著早于春栽幼树，开始萌动期早10d以上；秋栽涂聚乙烯醇处理幼树萌芽进程显著早于不涂干处理（表7－2），开始萌动期早5d以上，到4月中旬基本接近。秋栽涂聚乙烯醇幼树萌芽早，在3月下旬芽体开始膨大，并且发育快。

表7-2 不同栽植时期及处理方法的核桃萌芽进程

处 理	日 期				
	3月25日	4月5日	4月15日	4月25日	5月5日
秋栽涂干	1.3aA	1.9a	2.8a	6.9a	14.9
秋栽不涂干	0.9bA	1.4ab	2.6a	5.6b	14.8
春栽	0.4cB	0.9b	2.0b	5.4b	15.0

注：数字右侧的字母为L.S.R分析结果，小写字母为5%水平，大写字母为1%水平。芽未萌动0、芽膨大1、芽鳞刚刚开绽2、露芽3、展1叶4、展二叶5；每株调查上部5个芽，取平均数。

秋栽不涂干处理幼树的抽干长度过长，极显著长于秋栽涂聚乙烯醇和春栽处理，严重影响幼树的正常整形；春栽和秋栽用聚乙烯醇涂干处理的幼树，抽干距离短，秋栽涂干后抽干距离略长于春栽，但两者之间无显著差异（表7-3）。

表7-3　不同栽植时期及不同处理方法的核桃幼树抽干距离（cm）

处　理	年　份	
	2001~2002年	2002~2003年
秋栽涂干	3.2B	2.7 B
秋栽不涂干	28.6A	29.3 A
春栽	2.9B	2.7B

不同栽植时期及不同处理方法的核桃幼树新梢生长动态见表7-4。表明所有秋栽处理的幼树新梢均极显著高于春栽处理；春栽幼树新梢生长缓慢，主要原因可能是根系尚未恢复，为新梢生长提供水分和矿质营养的能力不足。

表7-4　不同栽植时期及处理方法的核桃新梢生长动态（cm）

处　理	日　期				
	4月15日	4月25日	5月5日	5月15日	5月25日
秋栽涂干	4.4A	6.4A	9.2A	12.1A	28.2A
秋栽不涂干	4.6A	7.2A	9.1A	11.9A	27.8A
春栽	3.1B	4.1B	5.1B	5.2B	6.6B

秋栽核桃幼树的枝条生长量极显著高于春栽；秋栽涂干处理与秋栽不涂干处理之间没有显著差别（表7-5）。但是，秋栽不涂干处理的发枝部位较低，多数枝条不易保留。

表7-5　不同栽植时期及处理方法的核桃幼树枝条长度（cm）

处　理	年　份	
	2002年	2003年
秋栽涂干	46.4A	51.9A
秋栽不涂干	48.6A	49.7A
春栽	22.1B	31.6B

由此可见，在河北省太行山中南部及同类地区，核桃幼树以秋栽后用聚乙烯醇涂干防寒的栽植模式最好，不仅成活率高，而且春季萌芽早、新梢生长快、抽干距离短、枝条生长量大。秋栽不防寒，核桃成活率低、发枝部位低、不宜推广。没有条件进行涂干防寒的地方，还是春栽较好。

7.2.3 栽植方法

(1) 定点挖穴

无论建园或山地建园，均应按规划要求测量出栽植点，并在测好的定植点上进行高规格整地。整地时，表土和底土分别放置，整好后回填，灌透水沉实。在沉实的定植点上开深和宽为40cm×40cm 的定植穴，然后放入适量充分腐熟的有机肥，与土混匀后，再行植树。

(2) 苗木处理

① 修根：将苗木主根下部用修枝剪剪平，去掉劈裂部分和损伤部分，以利于苗木栽植后根系的恢复和断根处的愈合；同时，将苗木进行严格分级，同样的苗木栽植在一起，使栽后幼树生长一致，并便于管理。

② 浸水：将修根后的苗木基部浸入清水中，浸泡 12h 以上，使苗木充分吸水，便于快速缓苗。

③ 消毒：为防止所栽苗木感染病害，将从清水中捞出的苗木浸入 300 倍石硫合剂或 100 倍果树康水溶液中 1min，进行消毒灭菌。

④ 蘸生根粉：苗木消毒后，将苗木根系放进2 000倍 3 号 ABT 生根粉中浸泡 2 ~20min，以促进形成新根，提高成活率。

(3) 栽植

栽植时先将混好肥料的土填一半进坑内，堆成丘状，按品种栽植计划将苗木放入坑内，使根系均匀舒展地分布在坑内土丘上，同时，校正栽植的位置，使株行之间尽可能整齐对正，并使苗木主干保持垂直。然后向栽植坑内灌10 ~15kg 清水，待水渗下 1/2 时，立即向坑内填入另一半混好肥料的土，待将根颈埋住时，轻轻踏一踏，再撒一薄层土。这种先灌水后埋土的方法使根系能与土壤密接，并处在湿润的环境中，有利于提高成活率。

7.2.4 栽植后的管理

(1) 幼树定干

栽植后，在距地面一定距离处的苗干上，将幼苗剪断的修剪措施叫定干。

定干是培养树形的基础。栽植的幼树，于春季发芽前，应按整形的要求进行定干。一般密植核桃树在离地面 60 ~ 80cm 处的饱满芽上方留 3cm 以上剪截，剪口一定要平。由于核桃枝条髓心较大，剪断后水份散失快而多，剪口距离芽过近时，会使所保留的目标芽抽干、不萌发或生长过弱。

（2）套袋

定干后，将直径 8 ~ 10cm 的塑料袋剪成长 60 ~ 65cm 的小袋，下端剪一小条作绑绳，塑料袋上均匀打上 10 个以上小孔，从苗木上端套上、绑好。既可以保水，又可以防止金龟子类害虫危害刚萌发的幼芽，还可以提高袋内气温，促进生长。

（3）盖膜

为了提高地温、保持土壤水分、促进苗木成活，定干后每株树盖上 $1m^2$ 地膜，四周用土压严。

（4）检查成活情况及补植

春季发芽展叶后，及时检查成活情况，并对未成活株及时进行补栽。

（5）肥水管理

秋栽的春季萌芽前浇一次水，春栽的栽后 15d 左右灌水一次，水渗下后再覆土 3 ~ 5cm，以利保墒。以后视土壤干湿情况适时浇水，保持土壤最大田间持水量的 60% 左右。栽植当年以叶面喷肥为主，展叶后每半月喷一次 300 ~ 500 倍的尿素；7 月下旬停止氮肥供应；自 8 月起每半月喷一次 300 ~ 500 倍的磷酸二氢钾，至落叶前结束；8 月中旬至 9 月上旬秋施基肥，株施烘干鸡粪 5kg，过磷酸钙 0.5kg。基肥采用沟施，施肥后及时浇水。封冻前浇一次封冻水。

（6）越冬防寒

秋栽定干后，用聚乙烯醇涂干，根颈部位封小土堆，以利防寒，春季萌芽前扒开小土堆；一年生树落叶后在每株幼树的西北方向修月牙形的土埂，埂高 30cm、宽 30cm；全树涂聚乙烯醇防寒。

（7）其他

春季于树干周围培成直径 70 ~ 100cm 的树盘，以利蓄水保墒。还应注意及时防治病虫和中耕除草等工作。

第八章

核桃园的土、肥、水管理

俗话说："无肥不长树，无光不结果。"肥是核桃树生长结果的基本条件，肥能改土、肥能调水，肥是核桃园树下管理的中心环节。因此，核桃园的土、肥、水管理是优质、稳产、高效的基本保障。

8.1 土壤管理

核桃树根系深、细根多、根系分布范围广。核桃树生长对土层厚度及土壤透水透气性要求较高，科学合理的土壤管理是保证核桃树生长发育良好及提高产量和品质的保证。

8.1.1 深翻改土

深翻改土可以熟化土壤、增厚土层；改善土壤结构、增加土壤透气性、提高土壤的保水保肥能力；促进好氧土壤微生物活动，有利于土壤有机质转化、培肥地力；深翻可以减少病虫害，加深根系分布层，在伤根断口发生大量新根，可扩大其吸收营养范围、增强树势、提高坚果产量和品质。如果土壤多年不翻耕，就会透气不良、土壤理化性质变差，尤其山地核桃园，根系发育受抑制，易造成树势衰弱。

（1）深翻时期

①春季深翻：在春季土壤解冻后即可进行，深翻可增加透气性、切断毛管、保蓄土壤深层上升的水分、减少蒸发。

②夏季深翻：雨季来临之前进行，此期为根系生长高峰，伤根易愈合发生新根。在雨季尽可能地保蓄天然降水，满足树体对水分的需求。山地核桃园由于地面有一定坡度，水土流失严重，不宜采用，不可伤根过多，以免影响树体生长。

③秋季深翻：在秋季果实采收后至树叶变黄以前（9月中旬~10月中旬）结合秋施基肥进行。此期温度较高，正值根系第二次生长高峰，伤根容易愈合发生新根；土壤养分转化快，加之果实采收后树体进入养分积累阶段，叶片制造的有机营养源源不断地回流至根系贮藏，而根系吸收的营养供给叶片需要，延长叶片寿命，提高光合效率，有利于树体养分的积累，为来年丰产打下良好的基础。此期为最佳的深翻时期，深翻后及时灌水，使土壤与根系紧密接触。

（2）深翻方法

①扩穴深翻：适用于山地客土核桃园及幼龄核桃园。在树穴边缘或树冠投影下向外挖宽40cm、深60cm的环状沟，把沟内石头及底土挖出后回填表土，并混以绿肥、秸秆或腐熟的人畜粪尿、堆肥等，然后浇水，每年向外深翻直至全园翻完。注意不要切断直径1cm以上的粗根。

②隔行（株）深翻：即第一年在两行（株）之间深翻一行（株），隔一行（株）不翻，第二年再翻未翻的一行（株）。深翻规格同扩穴深翻。此方法伤根少，每年只伤一面根，对树体影响较小。

8.1.2 中耕松土

在降雨及灌水后，及时进行中耕松土，并除草，可切断毛管、防止水分蒸发、保持土壤墒情、防止土壤板结、增加土壤透气性。勤中耕还可防止根系上翻及盐分上升。中耕深度以15~25cm为宜。

8.1.3 土壤管理制度

（1）清耕覆盖作物法

雨季以前采用清耕法，保持园内土壤疏松无杂草休闲状态，保证树体对养分及水分的需求。雨季来临前，在园内空闲地方种植矮杆作物，如豆科作物花生、绿豆以及薯类等作物。可有效提高核桃园空间利用率，并充分利用光、热、水资源。覆盖作物的植株体可遮盖地面，减少地面水分蒸发；根系可保持水土；作物采收后的剩余物可培肥地力。豆科植物的根生有根瘤可固氮，供核桃使用，作物吸收多余水分和养分，防止新梢徒长，适当干旱有利于花芽分化。同时，还可起到增产增收的目的。不要间作需水量较大的作物，以免与核桃争肥争水，影响核桃树体生长。

（2）生草法

核桃园郁闭以前，在园内种植豆科牧草，如紫花蓿苜、沙打旺、苕子、三叶草等。每年刈割 2~3 次，可起到减少地表径流、保持水土的作用，根瘤固氮供给核桃树使用；牧草死后其根系腐烂留在土壤中作为有机质归还土壤；草丛是一些有益生物的栖息场所，同时可减少害虫发生危害；可提高园地湿度、夏季降低园内温度、减轻日灼危害；牧草收割后可作为绿肥施用于核桃树，也可饲养牲畜，经牲畜转化为肥料来养树，减少化肥用量，提高经济效益和生态效益。但牧草种植不要距离树质太近，距离核桃树主干 1m 以上为宜，防止草与核桃树争肥水。

（3）树下覆盖

在核桃树下用鲜草、干草、秸秆、地膜等覆盖地面，可以起到减少地面水分蒸发、抑制杂草生长、保持土壤湿度、提高地温的作用，覆盖物腐烂后还可提高土壤肥力、改善土壤结构。

①柴草覆盖：用鲜草、干草或秸杆覆盖树盘。一年四季均可进行，但以夏末秋初最佳。覆盖厚度以 10~15cm 为宜，并在草上进行斑点状压土，以防被风吹散或引起火灾。此方法易引起根系上翻，使根系分布变浅。所覆的柴草经过一年以上后，可以在秋季深翻时结合秋施基肥翻入基肥沟内。

②地膜覆盖：一般在早春进行，最好在春季追肥、浇水后或降雨后趁墒覆盖地膜。用土把四周压实，以中间低、能汇水为好。在干旱地区春季栽植时，覆盖地膜可有效提高幼树成活率。

未充分整地的山地核桃园，由于地面有一定坡度，水土流失严重，尤其是大暴雨过后，会冲走大量活土和有机质，使土层变薄、肥力下降，严重时可使核桃树根外露、树势衰弱、产量下降。因此，必须采取有效的水土保持措施，具体的水土保持措施主要有修梯田、鱼鳞坑等。

8.2 施肥

核桃为多年生果树，树体的生长结果每年要从土壤中吸收大量矿质元素，如不及时补充肥料，必将造成某些元素的缺乏和不足，从而影响树体的生长，使产量下降。施肥是丰产稳产的关键，施肥适宜还可改善核桃仁的品质，增加出油率和出仁率。

8.2.1 施肥的依据

(1) 形态诊断

根据核桃的外部形态，可以判断某些营养元素的丰欠，从而指导施肥。常见的核桃缺素症和毒害症如下：

① 氮：一般缺氮的植株生长期开始叶色较浅变黄、叶片稀少而小、常提前落叶，新梢生长量降低，严重者植株顶部小枝死亡，产量明显下降。但在干旱和其他逆境下，也可能发生类似现象。

② 磷：缺磷时，树体一般很衰弱，叶片稀疏，小叶片比正常叶略小，叶片出现不规则的黄化和坏死，提前落叶。

③ 钾：缺钾症状多表现在枝条中部叶片上，最初叶片变灰白（类似缺氮），然后小叶叶缘呈波状内卷，叶背呈现淡灰色（青铜色），叶片和新梢生长量降低，坚果变小。

④ 钙：缺钙时根系短粗、弯曲，尖端不久褐变枯死。地上部首先表现在幼叶上，叶小、扭曲、叶缘变形，并经常出现斑点或坏死，严重时枝条枯死。

⑤ 铁：缺铁时幼叶失绿，叶肉呈黄绿色，叶脉仍为绿色，严重时叶小而薄，呈黄白或乳白色，甚至发展成烧焦状而脱落。铁在树体内不易移动，因此，最先表现缺铁的是新梢顶部的幼叶。

⑥ 锌：缺锌时表现为枝条顶端的芽萌芽期延迟，叶小而黄、呈丛生状，被称为“小叶病”，新梢细、节间短。严重时叶片从新梢基部向上逐渐脱落、枝条枯死、果实变小。

⑦ 硼：缺硼时树体生长迟缓，枝条纤细，节间变短，小叶呈不规则状，有时叶小呈萼片状，严重时顶端抽条死亡。硼过量可引起中毒。症状首先表现在叶尖，逐渐扩向叶缘，使叶组织坏死。严重时，坏死部分扩大到叶内缘的叶脉之间，小叶的边缘上卷，呈烧焦状。

⑧ 镁：缺镁时，叶绿素不能形成，表现出失绿症，首先在叶尖和两侧叶缘处出现黄化，逐渐向叶柄基部延伸，留下“V”形绿色区，黄化部分逐渐枯死呈深棕色。

⑨ 锰：缺锰时，表现有独特的退绿症状，失绿是在脉间从主脉向叶缘发展，退绿部分呈肋骨状，梢顶叶片仍为绿色。严重时叶片变小、产量降低。

⑩ 铜：缺铜时，新梢顶端的叶片先失绿变黄，后出现烧焦状，枝条轻微皱缩，新梢顶部有深棕色小斑点。果实轻微变白，核仁严重皱缩。

(2) 营养诊断与平衡施肥

近30年来，国外广泛采用营养诊断的方法来确定和调整果树的施肥。营养诊断一般能及时准确地反应树体营养状况，不仅能查出肉眼见到的症状，分析出多种营养元素的不足或过剩，分辨两种不同元素引起的相似症状，而且能在症状出现前及早测知。因此，借助营养诊断可及时施入适宜的肥料种类和数量，以保证果树的正常生长与结果。

营养诊断是按统一规定的标准方法测定叶片中矿质元素的含量，与叶分析的标准值（表8-1）比较确定该元素的盈亏，再依据当地土壤养分状况（土壤分析）、肥效指标及矿质元素间的相互作用，制定施肥方案和肥料配比，指导施肥。我们通过连续3年对绿岭核桃进行营养诊断，认为绿岭核桃优质丰产叶片各元素的合理诊断时期和含量分别为：N素营养诊断适宜时期为硬核期，指标为3.28%～4.00%；P素、Ca素、M素营养诊断适宜时期为幼果速长期，指标分别为0.156%～0.159%，2.66%～2.76%，579.6～719.2mg·kg^{-1}；K素营养诊断适宜时期为果实成熟期，指标为0.48%～0.52%；Mg素2n素营养诊断适宜时期为盛花期，指标分别为0.243%～0.248%、98.0～111.4Mg·kg^{-1}。

表8-1 核桃叶片矿质元素含量标准值

元素		缺乏	适生范围	中毒
常量元素（%干重）	N	<2.1	2.2～3.2	
	P	<0.09	0.1～0.3	
	K	<0.9	1.2～3.0	
	Ca		>1.0	
	Mg	<0.22	0.3～1.0	
	Na			>0.1
	Cl			>0.3
微量元素（mg/kg干重）	B	<20	35～300	>300
	Cu	1～3	4～20	
	Mn	<20	30～350	
	Zn	<15	20～200	

平衡施肥是根据多年研究结果，通过测定土壤中各矿质元素的含量、确定土壤中的盈亏量，从而制定施肥方案的新的施肥方法。克服了经验施肥和叶分析的盲目性及片面性。

8.2.2 施肥时期和施肥量

我国目前核桃的施肥分为基肥、追肥和叶面喷肥，施肥时应根据施肥目的、肥料性质、树龄和土壤条件选用不同的肥料。

(1) 基肥

基肥可以长时间持续不断的供给树体养分，保证树体生长发育。以迟效性有机肥为主，如腐殖酸类肥料、堆肥、厩肥、圈肥、绿肥、鱼肥、血肥、作物秸秆、杂草、枝叶等。基肥在土壤中经过腐熟分解，不断供给核桃生长和结果所需的大量元素和微量元素，而且能增加土壤孔隙度，改善土壤的水、肥、气、热状况，有利于微生物的活动。基肥一般在秋季果实采收后至叶片变黄以前（9月中旬~11月上旬）结合秋季深翻进行。此期施基肥，使基肥在当年有充分的时间释放养分，促进树体吸收利用，充分发挥肥效。基肥以有机肥为主，其用量是：每生产1kg核桃施入5kg有机肥，混入适量磷钾肥。幼树每株20~30kg，初结果树每株30~50kg，盛果期树每株50~80kg。同时配合施用2~5kg过磷酸钙。基肥用量占全年施肥有效成分的30%以上。

(2) 追肥

追肥是在树体生长发育需要时，及时补充的速效性肥料。追肥可供给树体当年生长发育所需的营养，既有利于当年壮树、高产和优质，又给来年生长结果打下基础，是生产中不可缺少的环节。追肥后及时灌水，以发挥肥效。

①追肥量：一般1~5年生树树每m^2冠投影面积施纯氮50~100g，纯磷和纯钾30~60g；5年后追肥量随树龄和产量增加而增加。

②追肥时期

a. 萌芽前追肥。核桃树春季生长量大，而且开花期树体养分消耗过多。通过萌芽前追肥，可以补充营养，有利于花器的进一步分化，以提高坐果率、增加产量。主要追施速效氮肥和磷肥，占全年施肥量有效成分的25%左右。

b. 花后幼果期追肥。核桃授粉受精后即进入幼果膨大期。此时也是早实核桃副梢发生期，充足的养分供应可促进果实膨大、产量提高和副梢发育。以速效氮肥和磷肥为主，占全年施肥有效成分的25%左右。

c. 硬核期追肥。有利于核桃硬壳的发育，使核桃仁发育充实，提高产量和品质。还可以充实枝条、促进雌花分化，为来年丰收奠定基础。以磷钾肥为主、氮肥次之，用量占全年施肥有效成分的20%。

(3) 根外喷肥

喷肥是通过叶片或枝条快速补充基本种矿质元素的追肥方式。这是一种经济有效的施肥方法，具有用肥量小、见效快、利用率高、可与多种农药混合喷施等优点。特别是在树体出现缺素症时，或为补充某些容易被土壤固定的元素，通过根外追肥可以收到良好的效果，对缺水少肥地区尤为实用。具体喷肥时期和肥料种类为：雌花初期开始叶面喷施300～500倍磷酸二氢钾和300～500倍尿素，每15d喷施一次，6月下旬～9月下旬喷施300～500的磷酸二氢钾倍液，每15d喷施1次。

8.2.3 施肥方法

根据根系分布特点，将肥料施于根系分布层内，便于根系吸收，发挥最大肥效。

(1) 放射沟施肥

距树干一定距离由内向外挖3～6条沟施肥，内浅外深，逐年更换位置。此法伤根少，但在实际应用中有一定的局限性，多用于追肥。

(2) 环状沟施肥

在树冠外围挖环状沟或挖间断的环状沟，以减少伤根量。一般用于施基肥，可结合扩穴深翻使用，多用于幼树和山地核桃园。

(3) 穴状施肥

在干旱地区或山地核桃园，以树干为中心，从树干半径的1/2开始，挖若干个小穴，穴的分布要均匀，将肥料直接施入穴中，灌水并覆盖地膜。

(4) 条状沟施肥

在行间或株间开长沟施肥，施肥沟在树冠投影边缘向内，沟宽40～50cm，长度依树冠大小而定。幼树一般长1～3m，常用于施基肥。

(5) 全园撒施

适用于成龄平地核桃园。先将肥料均匀撒入全园，然后浅翻。此法简便易行，其缺点是施肥量大，经常撒施易引起根系上翻。

以上5种方法在施肥后应立即浇水以增加肥效。

8.3 水分管理

核桃树对土壤水分的反应比较敏感，过旱时不能正常结果；而土壤积水时间稍长，会使叶片脱落，甚至整树死亡。

8.3.1 灌水

在北方地区年降水分布不均匀，常出现春旱和夏旱，则需要灌水补充水分不足。

（1）灌水时期

①萌芽前：3～4月，核桃开始萌动、发芽抽枝，此期物候变化快而短，几乎在1个月的时间内完成萌芽、抽枝、展叶和开花等生长发育过程，此时又正值北方地区春旱少雨时节，应结合施肥灌水。此次灌水称为萌芽水。

②开花后和花芽分化前：5～6月，雌花受精后，果实进入迅速生长期，其生长量约占全年生长量的80%。到6月下旬，雌花芽开始分化，这段时期需要大量的养分和水分供应，尤其在硬核期（花后6周）前，应灌1次透水，以确保核桃仁饱满。

③采收后灌水：10月～11月落叶前，可结合秋施基肥灌水，此次灌水不仅有利于土壤保墒，且能促进基肥分解、增加树体养分贮备、提高幼树越冬能力，也有利于早春萌芽和开花。

有条件的地方，在封冻前再浇一次水，对核桃树体更为有利。

（2）灌水方法

我国大部分地区干旱缺水，目前重点推广和提倡小管出流、滴灌等节水灌溉方法（详见第七章）。实在没条件的可采用沟灌、畦灌和穴灌等。其中沟灌用水经济，可防止土壤结构的破坏，有利于土壤微生物的活动，便于机械化耕作；畦灌方法简便，缺点是易使土壤板结，浪费水；穴灌用水较经济，但浸润土壤的范围较小，仍有使土壤板结和破坏土壤结构的缺点。

8.3.2 排水

核桃树对地表积水和地下水位较敏感，应及时进行排水。我国各地降低地下水位和排水的主要方法有：

（1）修筑台田

在低洼易积水地区，可修筑台田，台面宽 8 ~ 10m，宽出地面 1 ~ 1.5m，台田之间留出深 1.2 ~ 1.5m、宽 1.5 ~ 2m 的排水沟。

（2）降低水位

在地下水位较高的地区，可挖深沟降低水位。根据核桃树根系的生长深度，可挖深 2m 左右的排水沟，使地下水位降到地表 1.5m 以下。

（3）排除地表积水

在低洼易积水地区，可在周围挖排水沟，既可阻止园外水流入，又可排除园内地表积水。

第九章

核桃整形修剪技术

整形修剪是核桃栽培中的一项重要技术措施，在土肥水管理基础上实行合理修剪，即以核桃生长发育规律、品种生物学特性为依据，与当地生态条件和其他综合农业技术协调配合的技术措施，目的是形成良好的树体结构、培养丰产树形、调整好生长与结果的关系，从而使树体早结果、多结果、结好果、连年丰产。

整形就是通过人为影响，选留枝条，培养和调整好核桃树的骨干枝，并处理好各级枝条的从属关系，使树冠内各类枝条的分布合理，保证树冠通风透光，形成良好的树形。

9.1 核桃的树形及整形过程

目前我国核桃栽培主要采用单层高位开心形、主干疏层形、自然开心形及丛状形等。具体树形的选择主要依据栽培区域的地形、土壤条件、管理水平、品种特性和栽植密度等条件确定。

9.1.1 单层高位开心形

本树形主要适用于中、小冠密植的核桃园。

（1）树体结构

主干高0.6m，基部3～4个主枝邻近排列，向上每隔20～30cm一个主枝，螺旋式插空排列在中心干上，全树6～8个主枝，每主枝上着生8～10个枝组。从最后一个主枝上方落头开心，中心干高1.5～1.8m。主枝基角75°，长度2m左右。树高2.5m左右。此种树形适合早实、密植、管理水平高的核桃园，有利于提高品质、丰产、稳产。

（2）整形过程

第一年：苗木定植后，从离地面 60cm 开始见芽就刻，最上部 10cm 不刻。8 月中下旬，选择生长良好、健壮的新梢做主枝，拉枝开角至 75°左右，在树冠周围均匀分布，除中心干延长枝外，其他枝全拉，当年可培养出主枝 2～3 个。冬季主枝不剪，所有枝条涂聚乙烯醇。至翌年 2 月下旬萌芽前，将中心干延长枝剪留 60～80cm。

第二年：春天萌芽前，从距主枝基部 20～30cm 开始，每隔 20～30cm 刻一个芽，主枝前端 1/3 左右不用刻。对于背上萌发的新梢，长度达到 30～40cm 时，留 10～15cm 摘心，以促发短枝、培养结果枝组，第二年可结果。两侧的新梢生长中庸的不摘心，过旺的进行摘心。每主枝上培养成 8～10 个枝组。8 月中下旬，将上部主枝拉枝开角至 75°左右，主枝数达到 4～5 个。至 2 月下旬萌芽前时，将中心干延长枝再剪留 50～70cm，由下至上每间隔 20～30cm 插空刻 1 个芽。

第三年：春天萌芽前，继续对主枝刻芽、培养枝组。背上萌发的新梢，长度达到 30～40cm 时留 10～15cm 摘心。8 月中下旬，将上部主枝拉枝开角至 75°左右，主枝达到 6～8 个，至此树形基本成型。中心干延长枝缓放，促发短枝、成花结果。

9.1.2 主干疏层形

本树形适用于稀植树、散生树以及间作园。

（1）树体结构

主干高 0.4～1.0m，中心干上着生主枝 5～7 个，分为 2～3 层。主枝基角 60°～80°。第 1 层主枝 3 个，每主枝 2～3 个侧枝；第 2 层主枝 2 个，侧枝 1～2 个；第 3 层主枝 1～2 个，侧枝 1 个。主侧枝上着生结果枝组，层间距 1.2～1.5m，形成半圆形或圆锥形树冠。其特点是：树冠半圆形、通风透光良好、主枝和主干结合牢固、枝条多、结果部位多、负载量大、产量高、寿命长，但盛果期后，树冠容易郁闭、内膛易光秃、产量下降。该树形适于在条件较好的地方和干性强的稀植树。

（2）整形过程

①于定干当年或翌年，在定干高度以上选留 3 个不同方位（水平夹角约 120°）、生长健壮的枝条，培养成第 1 层主枝，主枝基角不小于 60°，腰角 70～80°，梢角 60～70°，层内两主枝间距离不小于 20cm，避免轮生，以防主枝长粗后对中心干形成“卡脖”现象，其余枝条全部疏除。有的树生长势差、

发枝少，可分2年培养。

②当晚实核桃5~6年生、早实核桃4~5年生已出现壮枝时，开始选取留2~3个侧枝。第1个侧枝距主枝基部的距离为：晚实核桃60~80cm；早实核桃40~50cm。如果只留2层，第1层和第2层之间的间距要加大，即1.5m左右。因为核桃喜光性强，且树冠高大、枝叶茂密，容易造成树冠内郁闭，所以，要增加层间距。

③晚实核桃6~7年生，早实核桃5~6年生时，继续培养第1层主侧枝和选留第2层主枝上的1~2个侧枝。

④晚实和早实核桃7~8年生时，选留第3层主枝1~2个。第3层与第2层主枝间距1.5m左右，并从最上枝的上方落头开心。各层主枝上下错开、插空选留，以免相互重叠。各级侧枝应交错排列，可充分利用空间，避免侧枝并生拥挤。侧枝与主枝的水平夹角以45~50°为宜，侧枝着生位置以背斜侧为好，切忌留背下枝。

定植4~5年后，树形结构已初步固定，但树冠层的骨架还未形成，每年应剪截各级枝的延长枝，促使分枝。7~8年后，主、侧枝初步选取出，整形工作大体完成，在此之前，要调节各级骨干枝的生长势，过强的应加大基角，或疏除过旺侧枝，特别是控制竞争枝。中心干较弱时，可在中心干上多留辅养枝；生长势弱的骨干枝可抬高枝头，通过调整使树体各级主、侧枝长势均衡。

9.1.3 自然开心形

本树形多用于中小冠密植园。

(1) 树体结构

该树形无中央领导干，一般有2~4个主枝，每个主枝上着生3个左右侧枝。干高因品种和栽培管理条件不同而不同，在肥沃的土壤条件下，干性较强或直立型品种，干高为0.8~1.2m；早期密植丰产园，干高多为0.4~1.0m。主枝不分层，各主枝间的垂直距离为20~40cm。该树形具有成形快、结果早、整形简便等特点，适合于树冠开张、干性较弱和密植栽培的早实型品种及土层较薄、肥水条件较差地区的晚实型品种。

根据主枝的多少，开心形可分为两大主枝、三大主枝和多主枝开心形，其中以三大主枝较常见。又依开张角度的大小可分为多干形、挺身形和开心形。

(2) 整形过程

3年生树在定干高度以上按不同方位留出2~4个枝条或以萌发的壮芽作主枝。各主枝基部的垂直距离一般20~40cm，主枝可一次或二次选留，各相邻主枝间水平距离（或夹角）应一致或很相近，且生长势要一致。主枝选定后要选留一级侧枝，每个主枝可留 3 个左右侧枝，上下、左右要错开，分布要均匀。第一侧枝距离主干的距离 60cm 左右。一级侧枝选定后，在较大的开心形树体中，可再在其上选留二级侧枝。第一主枝一级侧枝上的二级侧枝数 1 ~ 2 个，其上再培养结果枝组，这样可以增加结果部位，使树体丰满。第二主枝的一级侧枝数 2 ~3 个。该树形要特别注意调节各主枝间的平衡。

9.2 核桃的修剪

9.2.1 修剪时期及修剪方法

核桃树修剪的特点在于选择适宜的修剪时期，时期不当会因伤口产生伤流而造成养分与水分的大量流失，影响树体生长发育。所以，核桃树修剪要根据修剪目的及方法选择合适的修剪时期。

核桃树修剪可在一年四季进行，修剪方法有：刻芽、摘心、缓放、疏枝、短截、抹芽等。

（1）春季修剪

①刻芽：在春季发芽前，根据整形要求，在需要发枝的部位芽以上进行刻伤，可刺激发枝；在枝的上方刻伤可刺激枝条转旺。

②抹芽：春季萌芽后，主干、中心干或主枝上的大枝疏除部位或刻芽后的部位，会萌发出大量新芽，有些是以后不能利用的，对这类不能利用的新芽，全部从基部抹除。

（2）夏季修剪

幼树期新梢生长量特别大，为了促进枝条尽快分支，在新梢生长到 40cm 左右时，在基部留 20cm 左右去掉嫩尖，使其促发 2 ~3 个分枝，这样可以加强整形效果；对二次枝进行控制，2 个以上的二次枝疏弱留强。摘心一般在 5 ~6 月份进行，适于主枝和结果枝组的培养。

（3）秋季修剪

秋季果实采收后至树叶变黄以前，此期修剪会减少叶面积，影响树体的养分积累，但此时树体无伤流，适用于调整树体骨架结构，主要是修剪大枝，疏除过密枝、遮光枝和背后枝；回缩下垂枝。疏除大枝时注意留 1 ~2cm 短桩，可刺激潜伏芽萌发，以培养临时性结果枝组，充分利用空间。

(4) 冬季修剪

由于核桃树有伤流的特性，应当根据不同地区的实际气候情况，找出伤流最小时期进行修剪。据最近几年的研究，北方多数早实桃核品种在春季萌芽前基本无伤流，此时进行冬季修剪为宜。主要修剪方法：

①短截：在一年生枝条上进行剪截，或者剪去一年生枝条的一部分。短截常用于中心干和主枝的培养、预备枝的修剪等。短截时剪口距下面芽2~3cm，防止芽被抽死。

②疏除：在枝条的着生处将整个枝条彻底去除。疏除常用于过密枝、过密枝组的处理。

③回缩：在多年生大枝上的分支处进行剪截。回缩多用于中心干落头和衰弱主枝的复壮。

④缓放：对一年生枝不进行剪截而原封不动放置的修剪方法叫缓放，多用于中壮结果母枝的修剪。

9.2.2 幼树的整形修剪

栽植之后到多数植株结果之前的时期称为幼树期。核桃幼树阶段生长很快，易抽发二次枝，造成树形紊乱，如任其自由发展，则不易形成理想的树形。因此，合理的进行修剪，对保证幼树形成理想的树体骨架、促进早实丰产具有重要意义。

(1) 幼树整形

幼树期整形的主要任务包括主干和主、侧枝的培养等内容。修剪的关键是做好发育枝、徒长枝和二次枝等的处理工作。

①定干：定干是通过对苗干进行剪截确定主干高度的方法。树干的高低与树高、栽培管理方式和间作等关系密切，早实核桃结果早，树体小，应合理密植，一般栽植当年定干，定干高度在0.6~0.8m。如栽植当年未达到定干高度，可于翌年达到定干高度后定干，并将主干上0.5m以下的枝芽抹除。

②培养树形：按照各树形的要求培养各级骨干枝。

(2) 幼树修剪

核桃幼树修剪是在整形基础上，继续选留和培养结果母枝和结果枝组，并及时剪除无用枝，是培养丰产树形的重要技术措施。此期应充分利用顶端优势，采用高截、低留的定干整形法，即低于定干高度时留下顶芽，达到定干高度时采用破顶芽或短截手法，促使幼树多分枝、加快分枝级数、扩大营养面积。在3~6年内选留出各级主侧枝，尽快形成骨架，为丰产打下坚实的基础，达到早成形、早结果的目的。

核桃幼树的修剪方法，因不同品种的生长发育特点而异。其具体方法：

①控制二次枝：早实核桃在幼龄阶段抽生二次枝是比较普遍的现象。二次枝抽生晚、生长旺、组织不充实、冬季易发生抽条。二次枝的处理方法有以下几种：第一，如在一个结果枝上抽生 3 个以上的二次枝，可于早期选留 1 ~ 2 个健壮枝，其余全部疏除。第二，在夏季对选留的生长过旺二次枝，进行摘心，控制其向外延伸的长度。第三，如一个结果枝只抽生 1 个生长势较强的二次枝时、于春季或夏季将其摘心，以促发分枝、培养成结果枝组。

②利用徒长枝：早实核桃由于结果早、果枝率高、花果量大、营养成分消耗过多，常常造成新枝不能形成混合芽或营养芽，以至第 2 年无法抽发新枝，而其基部的潜伏芽会萌发成徒长枝。这种徒长枝第 2 年就能抽生 5 ~ 10 个结果枝，最多可达 30 多个，这些果枝由顶部向基部生长势逐渐减弱、枝条变短，最短的几乎看不到枝条，只能看到雌花。第 3 年中下部的小枝多干枯脱落，出现光秃带，结果部位向枝顶推移，易造成枝条下垂。所以，必须采取夏季摘心或短截法，促使徒长枝的中下部果枝生长健壮，达到充分利用粗壮徒长枝培养健壮结果枝组的目的。

③处理好旺盛营养枝：对生长旺盛的长枝，以不修剪或轻修剪为宜。修剪越轻，总发枝量、果枝量和坐果数就越多，二次枝数量就越少。

④疏除过密枝和处理好背下枝：早实核桃枝量大，易造成树冠内膛枝多、密度过大，不利于通风透光。对此，应按照去弱留强的原则，及时疏除过密枝条。其具体的方法是：贴枝条基部剪除，切不可留橛，以利伤口愈合。

背下枝多着生在母枝先端背下，春季萌发早，生长旺盛、竞争力强、容易使原枝头变弱，而形成“倒拉”现象，甚至造成原枝头枯死。其处理方法：在萌芽后或枝条伸长初期剪除；如原母枝变弱或分枝角度过小，可利用背下枝或斜上枝代替原枝头，将原枝头剪除或培养成结果枝组；如果背下枝生长势中等，并已形成混合芽，则可保留其结果；如果背下枝生长健壮，结果后，可在适当分枝处回缩，培养成小型结果枝组。

9.2.3 初果期、盛果期树的修剪

多数树体开始结果到接近最高产量的时期，称为初果期。进入初果期的核桃树，树形已基本形成，产量逐年增加，达到最高产量时，进入盛果期。此期核桃树的主要修剪任务是继续培养主、侧枝，充分利用辅养枝早期结果，积极培养结果枝组，尽量扩大结果部位。结果盛期以后，由于结果量大，容易造成

树体营养分配失调，形成大小年，甚至有的树由于结果太多，致使一些枝条枯死或树势衰弱，严重影响核桃树的经济寿命。成年树修剪要根据具体品种、栽培方式和树体本身的生长发育情况灵活运用，做到因树修剪。

（1）初果期树的修剪

此期树体结构即将形成，应保持树势平衡，疏除改造直立向上的徒长枝，疏除外围的密挤枝及节间长的无效枝，保留充足的有效枝量（粗、短、壮），控制强枝向缓势发展，充分利用一切可以利用的结果枝（包括下垂枝），达到早结果、早丰产的目的。

①辅养枝修剪：对已影响主、侧枝的辅养枝，可回缩或逐渐疏除，给主侧枝让路。

②徒长枝修剪：可采用留、疏、改相结合的方法进行修剪。早实核桃在结果母枝或结果枝组明显衰弱或出现枯枝时，通过回缩使其萌发徒长枝。对萌发的徒长枝可根据空间选留，再经轻度短截，从而形成结果枝组。

③二次枝修剪：可用摘心和短截方法，促其形成结果枝组。早实核桃重点是防止结果部位迅速外移，对树冠外围生长旺盛的二次枝进行短截或疏除。

（2）盛果期树的修剪

盛果期的大核桃树，树冠大部分接近郁闭或已郁闭，外围枝量逐渐增多，且大部分成为结果枝，并由于光照不良，部分小枝干枯，主枝后部出现光秃带，结果部位外移，易出现隔年结果现象。因此，这个时间修剪的主要任务是，调整营养生长和生殖生长的关系，改善树冠内的通风透光条件，更新结果枝，以达到高产、稳产的目的。其修剪要点：疏病枝、透阳光、缩外围、促内膛、抬角度、节营养、养枝组、增产量。特别是要做好抬、留的科学运用，绝对不能一次处理下垂枝，要本着三抬一、五抬二的手法（下垂枝连续 3 年生的疏去下端 1 年生枝，5 年生疏去下端 2 年生枝，留向上枝）。具体修剪方法：

①骨干枝及外围枝的修剪：随着结果量的增多，特别是丰产年份，大、中型骨干枝常出现下垂现象，外围枝伸展过长，下垂更严重。因此，对骨干枝和外围枝必须进行修剪。及时回缩过弱的骨干枝，回缩部位可在有斜上生长的侧枝前部。按去弱留强的原则，疏除过密的外围枝，对于可利用的外围枝，适当短截，以改善通风透光条件，促进保留枝芽的健壮生长。

②结果枝组的培养与更新：加强结果枝组的培养、扩大结果部位、防止结果部位外移，是保证核桃树盛果期丰产、稳产的重要技术措施。

a. 培养结果枝组的原则。大、中、小配置适当，均匀地分布在各级主侧枝上；在树冠内总体分布是，里大外小，下多上少，使内部不空，外部不密，通风透光良好。

b. 培养结果枝组的途径。对着生在骨干枝上的大中型辅养枝，经回缩改造成大中型结果枝组；对树冠内的健壮发育枝，采用去直立留平斜，先放后缩的办法，培养成中小型枝组；对部分留用的徒长枝，应首先开张角度、控制旺长，配合夏季摘心和秋季盲节处剪截，促生分枝、形成结果枝组。结果枝组多年后会逐渐衰弱，应及时更新复壮。

c. 结果枝组的修剪方法。2～3 年生的结果枝组，可视树冠内的可利用空间情况，按“去弱留强”的原则，疏除一些弱小或结果不良的枝条；盛果后期核桃树生长势开始衰退，每年抽生的新梢很短，常形成三杈状小结果枝组。应及时回缩、疏除部分短枝，以促进生长和结果平衡。长势弱的中型结果枝组，可及时回缩复壮，使其内部交替结果，同时控制结果枝组内的旺枝。大型结果枝组，应控制其高度和长度，防止树上长树。如无延长能力或下部枝条过弱的大型结果枝组，则应进行回缩修剪，以保持其中下部中小型枝组的正常生长结果。

③辅养枝的利用与修剪：辅养枝是着生于骨干枝上的临时性枝条。其修剪要点是：

a. 当辅养枝与骨干枝不发生矛盾时，保留不动；如果影响主、侧枝的生长，就及时去除或回缩。

b. 当辅养枝生长过旺时，去强留弱或回缩到弱分枝处。

c. 对生长势中等、分枝良好，又有可利用空间者，剪去枝头，将其改造成大、中型结果枝组。

④徒长枝的利用和修剪：核桃成年树随着树龄和结果量的增加，外围枝生长势变弱或受病虫危害时容易形成徒长枝，早实核桃更易发生。其具体修剪方法如下：

a. 内膛枝条较多，结果枝组又生长正常时，从基部疏除徒长枝。

b. 内膛有空间，或其附近结果枝组已衰弱时，可利用徒长枝培养成结果枝组，促使结果枝组及时更新。

c. 在盛果末期，树势开始衰弱、产量下降、枯死枝增多，更应注意对徒长枝的选留与培养。

⑤背下枝的处理：核桃树背下枝强旺和“夺头”现象比较普遍。背下枝多由枝头的第 2 到第 4 个背下芽发育而成，生长势很强，若不及时处理，极易造成枝头“倒拉”现象。其具体修剪方法：生长势中等，并已形成混合芽的，可保留结果；生长健壮且已结果的，在适当分枝处回缩，培养成小型结果枝组；已产生倒拉现象，而原枝头开张角度又较小的，将原枝头剪除，让背下枝取而代之；对无用的背下枝则要及时剪除。

9.2.4 变产衰老树的修剪

核桃树进入衰老期的特点是外围枝生长量明显减弱、小枝干枯严重、外围枝条下垂、产生大量“焦枝”，同时萌发出大量徒长枝、出现自然更新现象，产量也显著下降。为了延长结果年限，对衰老树应及时进行更新复壮。更新的方法主要有：

(1) 主干更新

也叫大更新，即将主枝全部锯掉，使其重新发枝。然后从新生枝中选留方向合适、生长健壮的 2~4 个枝，培养成主枝。另一种做法是对主干高度适宜的开心形植株，可在每个主枝的基部锯掉，如系主干形，可先从第一层主枝的上部锯掉树冠层，再从上述各主枝的基部锯断，使主枝基部的潜伏芽萌芽发枝。此种更新法在西藏常见，在内地应用时应慎重。

(2) 主枝更新

也叫中度更新，即在主枝的适当部位进行回缩，使其形成新的侧枝。具体做法是：选择健壮的主枝，保留 50~100cm 长，其余部分锯掉，使其在主枝锯口附近发枝。发枝后，每个主枝上选留方位适宜的 2~3 个健壮的枝条，培养成一级侧枝。

(3) 侧枝更新

也叫小更新，即将一级侧枝在适当的部位进行回缩，使其形成新的二级侧枝。其优点是新树冠形成和产量增加均较快。具体做法是：在计划保留的每个主枝上，选择强旺枝的前端（或上部）剪截。疏除所有的病枝、枯枝、单轴延长枝和下垂枝。对枯梢枝要重剪，促其从下部或基部发枝，以代替原枝头。

不论采用哪种更新方法，都必须加强肥水管理和病虫防治，只有这样才能增强树势，加速树冠、树势和产量的恢复，达到更新复壮的目的。

第十章

核桃花果管理与树体保护技术

花果管理是提高果实品质和维持连年稳产的重要技术环节，一般自然生长的核桃树，进入盛果期后均会出现大小年现象，大年果实品质差，果个小；小年果实品质好，产量低。因此，必须通过大年疏花疏果来调节。树体保护是维持树种势稳定健壮延长经济寿命的重要方面。

10.1 保花保果技术

落花落果是核桃生产中比较普遍的现象，因此，减少落花落果是核桃大面积丰产的重要保障。核桃的落花落果每年可出现3次。第一次在开花后，未见子房膨大，花即脱落，是未受精的花，这次落花对生产的影响不大；第二次出现在花后两周，子房已经膨大，是受精后初步膨大的幼果，这次落果已有一定的损失；第三次出现在第二次落果后2~4周，大约在六月间，故又叫“六月落果”，此时落果损失较大。据西北农学院在洛南调查，核桃多数品种落花较轻、落果较重。雌花落花多在开花末期，花后10~15d、幼果直径达1cm左右时开始落果，2cm左右达到高峰，到果皮硬化期基本停止。侧芽枝落果普遍多于顶芽枝。

落花落果的原因很多，各地区自然条件、品种、树龄及物候状态的不同，落花落果的原因也不一样。因此，保花保果必须因地制宜，根据具体情况，制定有效措施，确保核桃的高产优质。

10.1.1 改善树体营养是保花保果的物质基础

营养条件的改善对减少落花落果具有决定作用，因此，必须加强树体地上部和地下部的管理，为核桃的生长结果创造有利条件。具体方法参见第八章。

10.1.2 创造良好的授粉条件

(1) 人工辅助授粉

核桃存在雌雄异熟现象，某些品种同一株树上，雌雄花期可相距20多天。花期不遇常造成授粉不良，严重影响坐果率和产量，此外，由于受不良气象因素，如低温、降雨、大风、霜冻等的影响，雄花的散粉也会受到阻碍。在这些情况下，人工辅助授粉可显著提高坐果率。即使在正常气候条件下，人工辅助授粉也能提高5.1%～31%的坐果率。人工辅助授粉步骤如下：

①采集花粉：从当地或其他地方生长健壮的成年树上采集将要散粉（花序由绿变黄）或刚刚散粉的雄花序，放在干燥的室内或无阳光直射的地方晾干，在温度20～25℃条件下，经1～2d即可散粉，然后将花粉收集在指形管或青霉素瓶中，置于2～5℃低温条件下备用。花粉生活力在常温下可保持5d左右，在3℃的冰箱中可保持20d以上。注意瓶装花粉应适当通气，以防发霉。为适应大面积授粉的需要，可将原粉加以稀释，一般按1∶10加入淀粉，稀释后的花粉同样可以收到良好的授粉效果。

②选择授粉适期：当雌花柱头开裂并呈“倒八字形”时，柱头羽状突起、分泌大量粘液，并具有一定光泽时，为雌花接受花粉的最佳时期。此时正值雌花盛期，时间为2～3d，雄先型植株的此期只有1～2d。因此，要抓紧时间授粉，以免错过最适的授粉期。有时因天气状况不良，同一株树上雌花期早晚可相差7～15d，为提高坐果率，有条件的地方可进行两次授粉。实践证明，雌花开花不整齐时，两次授粉可比一次授粉提高坐果率8.8%左右。

③授粉方法：对树体较矮小的早实核桃幼树，可用授粉器授粉，也可用“医用喉头喷粉器”代替，将花粉装入喷粉器的玻璃瓶中，在树冠中上部喷洒即可，注意喷头要在柱头30cm以上。此法授粉速度快，但花粉用量大。也可用新毛笔蘸少量花粉，轻轻弹在柱头上，注意不要直接往柱头上抹，以免授粉过量或损坏柱头，导致落花。对成年树或高大的晚实核桃树可采用花粉袋抖授法。具体做法是将花粉装入2～4层纱布袋中，封严袋口，拴在竹竿上，然后在树冠上方迎风面轻轻抖撒。也可将即将散粉的雄花序采下，每4～5个为一束，挂在树冠上部，任其自由散粉，效果也很好，还可免去采集花粉的麻烦。此外，还可将花粉配成悬液（花粉与水之比为1∶500）进行喷洒，有条件时可在水中加10%蔗糖和0.02%的硼酸，可促进花粉发芽和受精。此法既节省花粉，又可结合叶面喷肥同时进行，适于山区或水源缺乏的地区。

(2) 合理配置授粉树

核桃的雌花柱头不分泌花蜜，无蜜蜂或其他昆虫传粉，而靠风媒。核桃的花粉粒较大，在自然风速下飞翔力较大，因此，应根据当地历年花期的风速决定配置授粉树的距离。

10.2 疏花疏果

疏花疏果指疏除核桃树上过多的雄花芽和幼果。核桃树体的营养供应不足时，营养的供应与消耗之间发生矛盾，易出现“大小年”现象。因此，在肥水条件还不能满足坐果和果实增长的需要时，对开花过多或落果少的品种，进行合理的疏花疏果，不但可以减少树体养分消耗、调整生长与结果的关系，而且也可减少由于养分竞争出现的幼果“自疏”现象，保证树体健壮生长，提高当年产量和质量。

10.2.1 疏花疏果的作用

疏花疏果可节省大量养分和水分，不仅有利于当年树体的发育、提高当年的坚果产量和品质，同时，也有利于新梢的生长和下年花芽的分化，保证翌年的产量。

合理的疏花疏果是保证当年产量、防止和减轻“大小年”现象的重要措施之一，同时，通过疏花疏果也有利于果实的肥大、提高果品的质量、减少小果和病虫果。生产证明，核桃疏花疏果虽然疏去了一部分花果，但由于调整了营养物质的分配，反而提高了坐果率。

10.2.2 疏花疏果的方法

(1) 疏除雄花

疏雄量以90% ~95%为宜，使雌花序和雄花数之比达30∶1 ~60∶1，但对栽植分散和雄花芽较少的树可适当少疏或不疏。疏雄适期为雄花芽开始膨大期。具体疏雄方法是用长1 ~1.5m的带钩木杆，拉下枝条，人工掰除雄花芽即可，也可结合修剪进行。疏雄对核桃树的增产效果特别明显。据河北农大报道，疏雄可提高坐果率15% ~22%，产量增加12.8% ~37.5%。

(2) 疏除幼果

由于早实核桃以侧花芽结实为主，雌花量较大，到盛果期后，为保证树体营养生长和生殖生长的相对平衡，保持高产、稳产水平，疏除过多的幼果也是非常必要的。疏果的时间可在生理落果期以后，一般在雌花受精后的 20～30d，即当幼果发育到 1～1.5cm 时进行为宜。幼果疏除量依品种、树势及栽培条件而定，一般以每 m^2 树冠投影面积保留 60～100 个果实为宜。据河北农业大学研究，绿岭核桃的疏果方法为：5cm 以下短果枝不留果，5～15cm 中果枝留单果，15cm 以上长果枝留 1～2 个果，疏果时先疏除弱树或细弱枝上的幼果。注意坐果部位在冠内要分布均匀，郁密内膛可多疏。另外，特别注意疏果仅限于坐果率高的早实核桃品种，尤其是树弱而挂果多的树。

10.3 防止低温危害

核桃的越冬性不仅表现在对低温的抵抗能力，而且表现在休眠期和解除休眠期后对综合条件的适应能力。我国北方栽植的核桃树常受冻害，冻害的程度由南到北逐渐严重。掌握冻害发生的临界低温对核桃生产非常重要。核桃萌芽后，抗寒力逐渐下降，但核桃花期冻害的临界低温各器官略有差异，核桃展叶后如温度降到 -2～-4℃时，新梢被冻坏；花期和幼果期，气温降到 -1～2℃时则受冻减产。一般树龄大、树体营养水平高，冻害较轻；反之，则重。2006 年春季萌芽期，由于晚霜危害，河北省太行山区的核桃减产 80% 以上。另外，核桃树的抗冻能力与其成熟度、抗寒锻炼也有关系，枝条越成熟其抗冻能力越强。枝条充分成熟的标志主要是：木质化程度强，含水量减少，细胞液浓度增加，积累淀粉多，形成层活动能力减弱等。

10.3.1 冻害的防治

（1）选好园地

一般地势低洼、闭合谷地容易积累冷空气，造成冻害；而在山梁丘陵、倾斜地和阳坡地栽树，空气流通，冻害发生轻。

（2）躲避冻害

① 灌溉：早春进行灌水或喷灌，可显著降低地温、延迟发芽；发芽后至开花前再灌水 1～2 次，一般可延迟开花 2～3d；在霜冻来临前灌水或喷灌可提高地温和树温，预防和减轻霜冻害。

② 枝干涂白：可推迟萌芽开花 3～5d，树干涂高 1m 以上，下部主枝涂 30cm。成龄树涂前要刮除老翘皮，尤其是枝杈部位要重点涂抹。涂白不但能防冻，而且还能有效防止日灼、病虫危害。其配方为：生石灰 8～10 份、水

20份、石硫合剂原液1份、食盐1份、食用油0.1～0.2份。配制时，先用1/2的水化开石灰和食盐，然后加入石硫合剂、油、水，充分搅拌均匀。

③ 喷施生长调节剂：萌芽前全树喷施萘乙酸纳盐（浓度250～500mg/kg）溶液或顺丁烯二酸酰肼、MH 0.1%～0.2%溶液，可抑制芽的萌动，推迟花期3～5d。萌芽初期喷0.5%氯化钙后，可延迟花期5d。

（3）熏烟

熏烟是利用作物秸秆、杂草、落叶等能产生大量烟雾的易燃材料，在霜冻发生的夜晚，每亩园地点燃10堆左右对于-2℃以上的轻微冻害有一定效果，如低于-2℃，则防效不明显。

（4）及早进行核桃园间作绿草

核桃园地土壤裸露面积越大，核桃树所受霜冻危害越严重。因此，在10月中下旬播种油菜、苕子、紫花苜蓿、红花草及其他能越冬宜密播植物，在霜冻到来前，形成绿色植被覆盖，避免裸地招霜，是一有效的措施。

10.3.2 补救措施

（1）喷施药剂

霜冻害后，7d内连续喷500倍“天达2116”两次进行修复。

对受冻较轻的花进行1～2次授粉，同时，喷施“天达2116”+0.5%蔗糖水+0.2%～0.3%的硼砂，或喷施“天达2116”+0.2%的钼肥，均有减轻冻害和提高坐果率的作用。

（2）加强综合管理

在冻害严重的年份，花前、花后多施肥料，追施果树专用肥或磷酸二氢钾等复合肥料，可恢复树势、提高坐果率和单果重，确保灾年有个好收成。

10.3.3 防止核桃树幼树抽条

核桃幼树枝条髓心大、含水量高、抗寒性差，在北方比较寒冷、干旱的地区，冬季1年生枝表皮皱缩、干枯，俗称“抽条”。抽条影响幼树树冠的形成，严重的会造成植株枯死，特别是早实品种，抽条现象更为普遍。经过5年的观察试验，根据核桃幼树抽条的原因找出了对策。

（1）抽条的原因

①肥水管理不当：据观察，凡是越冬抽条较重的树，大多是生长季节的后期没及时控制氮肥、灌水频繁或降雨量大、排水不及时，造成树体贪青徒长、

枝梢停长晚、枝条发育不充实，从而降低了核桃枝条的抗寒能力。另外，有的核桃园早春灌水早且次数多，降低了地温，影响了根系对水分的吸收，造成枝条失水过多，加重抽条的发生。

②气候因素：晚秋初冬低温来临早，使核桃得不到充分的越冬锻炼；冬季气温变化异常、忽冷忽热、温度变化快；早春空气干燥多风，加剧枝条蒸腾失水，又延缓地温的回升，影响根系对土壤水分的吸收，均导致抽条现象发生。

③实施防止抽条的措施不恰当：有的核桃园为防止抽条，在树干周围培土防寒，但由于培土去除不及时，延缓春季地温的回升，加剧树体地下部、地上部水分供需矛盾，加重抽条现象。

（2）防止措施

①科学肥水管理：幼树在晚秋扩穴深翻，施有机肥，施完后浇一次越冬水；早春萌芽前结合追肥并浇一次水，以提高土壤含水量和根系吸水能力。生长期加强叶面喷肥，7 月份以前以氮肥为主，7 月份以后喷施磷、钾肥，以提高叶片的光合效率，增加养分积累，使枝条发育充实，增强幼树越冬性能和抗寒能力。在 8 月份以后除施基肥浇水外，停止浇水，并且要注意及时排水。8 月份以后停止氮肥施用。

②加强夏季修剪：一定要控制好早实核桃的二次枝。二次枝抽条晚、生长旺、组织发育不充实，所以，对二次枝要及时摘心、控制旺长。

③ 搞好冬季防寒措施

a. 埋干防寒。对露地不能安全越冬的 1～2 年生幼树，将整个树体向一侧弯曲、覆土 3～10cm，此法是防止抽条最有效、最可靠的措施。

b. 培土防寒。在苗木基部 30cm 的范围内培一高 30～40cm 的土堆，以防冻伤根颈及嫁接口。在来年春季气温回升且稳定后去掉，整平树盘。

c. 涂白防寒。幼树涂白，可缓解树干阴阳面的温差，防寒效果较好，可在土壤结冻前涂抹幼树枝干。

d. 聚乙烯醇涂刷。（用聚乙烯醇涂刷 1～3 年生幼树主干及所有枝条，防寒效果很好。）聚乙烯醇的熬制方法同前。

不同地区根据自己的实际情况，可采用不同的措施。

④应用化学药剂控制旺长：对于生长旺盛的核桃品种，可在夏秋季喷 300～500 倍液多效唑 1～2 次或 PBO 300～500 倍液 1 次，使新梢及时停长，促进枝条充实老化。

⑤加强病虫害防治：在核桃生长期要注意云斑天牛、核桃举肢蛾、棉铃虫、溃疡病、枝枯病等病虫害的防治。

10.4 防日灼

日灼（日烧）在北方各省核桃园内均有发生，危害面积较大，在干旱年份危害更大。

10.4.1 日灼的危害情况

日灼有冬春日灼及夏秋日灼两种。冬春日灼实际上也是冻害的一种。在冬季或早春，寒冷地区的核桃树干和大枝的向阳面由于受太阳直接照射，温度上升，细胞解冻，并处于活跃状态，而夜间温度又急剧下降，细胞冻结。冻融交替使皮层细胞死亡。开始受冻的树皮变色出现斑块，最后局部枯干。日灼多发生树干或大枝的表皮，严重时亦可深达木质部，这种日灼常导致树皮脱落、病害寄生和树干腐心。

夏秋日灼是由于水分供应不足，影响蒸腾作用，因而难以调节体温，因此，枝条表皮和果实的表面由于太阳直接照射，局部温度过高而遭到灼伤。这种日灼的实质是由干旱失水和高温造成局部组织死亡而引起的。

10.4.2 防止措施

预防日灼危害，应先找出当地造成日灼的原因，才能有针对性的提出防治措施。

如对冬春日灼的预防，应采取增强核桃抗寒能力的措施，树干涂白能反射阳光直接照射、缓和树皮温度的剧变，对防止日灼有一定的作用。

预防夏秋日灼，应从增加叶量和解决水分供应问题着手。如采取灌溉供水、保水及覆盖保墒法，满足核桃对水分的需求。同时，在修剪时，要有目的地多留西南侧的枝条，以减少日光直接照射。在生长季内注意病虫防治，保护叶片、增强树势，即可减少日灼危害。

第十一章

核桃病虫害防治

与水果类果树相比，核桃的病虫害相对较少，但如果防治不及时，常造成树势衰弱、产量下降、果实品质降低，严重时可造成植株死亡，甚至核桃园毁灭。因此，适时有效地对核桃病虫害进行防治，是绿色优质核桃生产综合技术中的一个重要环节。

11.1 核桃病虫害防治方法及特点

病虫害防治方法多种多样，实际应用时应本着“预防为主，综合防治”的原则，以农业防治为基础，合理使用农药，利用生物防治、物理防治等综合技术措施，经济、安全、有效地控制病虫害，以达到提高核桃产量、保证质量、保护生态环境和人们身体健康的目的。具体措施如下：

11.1.1 植物检疫

植物检疫是由国家或地方政府有关机构颁布条例或法令，对核桃苗木、接穗、种子等繁殖材料及果品进行管理和控制，防止危险性病、虫、草的传播、蔓延。主要任务是：

①禁止危险病、虫、杂草随同植物及其产品由国外输入。

②按照输入国的要求，禁止危险病、虫、杂草随同植物及其产品由国内输出。

③把发生在国内局部地区的危险病、虫、杂草封锁在一定范围内，禁止随同植物及其产品传播蔓延，以便及时彻底地消灭于感染发源地。

我国的核桃重要检疫对象有核桃横沟象、大袋蛾、核桃炭疽病等病虫害，从外地引进苗木、接穗、种子及果品时必须进行检疫，发现有检疫对象时，立即采取处理措施；不得从疫区调运苗木、接穗和种子，一经发现，立即销毁。

11.1.2 农业防治

利用园地选择与规划设计及栽培管理等农业措施兼顾防治病虫害。

(1) 加强栽培管理

栽植无病虫苗木、抗病虫品种，加强栽培管理，增施有机肥，改良土壤，合理修剪、合理施肥和排灌，使树体健壮、增强树势，秋末树干涂白，提高核桃自身抗病虫能力。

(2) 实施翻土、修剪、清园等措施，减少虫源

秋季及时清园，捡拾落果，带出园外，消灭果实内的核桃举肢蛾幼虫；结合施有机肥，耕翻树盘土壤，破坏害虫生存场所，杀死害虫，从而消灭在土中越冬的害虫；捡拾害虫越冬虫态，加以消灭；修剪时剪除刺蛾、大袋蛾虫茧；秋冬季清园，清除园内枯枝杂草、落叶，并销毁，消除病原。

(3) 核桃园生草和间作，改善园内生态条件

通过核桃园生草和间作，为有益生物提供隐藏场所，并为其提供食物来源。如核桃园行间种植苜蓿，改善园地生态环境，吸引害虫天敌，从而减轻害虫发生。

11.1.3 物理防治

(1) 诱杀

利用害虫的趋性，人为设置其所好，诱集害虫加以消灭。如利用黑光灯诱杀趋光性害虫成虫；糖醋液诱杀金龟子成虫。河北绿岭果业有限公司核桃园每年从 4 月下旬开始，每 $2hm^2$ 设置一盏频振式黑光灯，诱杀木橑尺蠖、核桃瘤蛾、黄刺蛾、褐边绿刺蛾、舞毒蛾、桃蛀螟、金龟子等趋光性害虫的成虫。

(2) 捕杀

利用人力或简单机械，捕杀有群集性或假死性的害虫。如利用竹竿打枝条振落木橑尺蠖幼虫；砸云斑天牛卵槽，挖出刚入树干的幼虫，捕捉成虫；金龟子成虫期于傍晚人工振落捕杀；剪除或击破刺蛾虫茧；摘除大袋蛾越冬虫囊；摘除群集为害时的刺蛾初孵幼虫、核桃缀叶螟虫叶，立即埋掉或将幼虫踩死；摘捡落果和变黑果，集中焚毁或入坑沤肥，消灭核桃举肢蛾幼虫；秋冬在树干上绑草把，诱集核桃瘤蛾幼虫化蛹，早春在害虫羽化以前解下草把沤肥或焚毁。

（3）阻隔

根据害虫的活动习性，人为设置障碍，防止幼虫或某些不善飞行的成虫扩散、迁移。如在草履蚧发生严重的地区，早春在树干基部涂粘虫胶环，或绑塑料裙，用以阻杀上树若虫。

（4）手术法防治病害

如刮除腐烂病病斑。

11.1.4　生物防治

（1）以虫治虫

利用天敌昆虫消灭害虫为以虫治虫。天敌又可分为捕食性天敌和寄生性天敌，它们通过直接捕食害虫或寄生于害虫身体上消灭害虫。常见的捕食性天敌有瓢虫、草蛉、胡蜂、蚂蚁、食蚜蝇、捕食螨等，寄生性天敌主要包括寄生蜂和寄生蝇。

（2）以菌治虫治病

以菌治虫是利用害虫的病原微生物（细菌、真菌、病毒）防治害虫。常见的杀虫细菌有苏云金杆菌、芽孢杆菌等；杀虫真菌有白僵菌、绿僵菌等；杀虫病毒有桑毛虫核多角体病毒、棉铃虫核多角体病毒、斜纹夜蛾核多角体病毒、刺蛾病毒等。以菌治病主要是应用各种菌类的代谢产物即抗生素治病，如春雷霉素、多抗霉素（多氧霉素）、农抗120、链霉素等。

（3）利用昆虫激素防治害虫

昆虫激素可分为外激素和内激素。用于防治害虫的外激素主要是用性引诱剂诱杀害虫雄虫，如桃小食心虫性引诱剂、枣粘虫性引诱剂、苹果蠹蛾性引诱剂等；用于防治害虫的内激素主要是特异性害虫生长抑制剂，如卡死特、灭幼脲（1号、2号、3号）、扑虱灵、定虫隆（抑太保）等。

（4）其他有益动物的利用

如招引食虫益鸟、园内养鸡，取食害虫的幼虫和成虫。河北绿岭果业有限公司核桃园内养鸡数量适宜的园片，金龟子、毛翅夜蛾等害虫基本不造成危害。

11.1.5　化学防治

是利用化学药剂直接防治病虫害的方法。其优点是见效快、用途广；缺点是易杀伤天敌、病虫害可产生抗药性、污染环境和留有残毒、易发生药害、成本高等。

在当前情况下，为减少病虫害对农药的抗药性，保护生态环境，生产绿色果品，必须严格按照“绿色食品农药使用准则”和“无公害水果农药安全使用方法”应用生物源农药、矿物源农药、植物源农药、昆虫生长调节剂类和高效农药低毒防治病虫害，如灭幼脲3号、高效氯氰菊酯等防治鳞翅目幼虫及其他害虫；果富康防治腐烂病等病害；禁止使用剧毒农药，把病虫害的危害控制在经济允许水平下。对于允许使用的低毒农药，最后使用农药的时期距果实采收期30d以上。

为生产出符合要求的绿色果品——核桃，保护生态环境，在核桃生产过程中，病虫害防治方面应以农业防治方法为主，辅之以物理防治、生物防治等多种措施和途径，起到综合防治的目的，从而尽可能少用或不用化学药剂；若必须使用化学农药时，应使用高效低毒化学农药，并注意交替用药，改进施药技术，最大限度降低农药用量，严禁使用高毒、高残留农药和致癌、致畸、致突变农药，以减少污染和残留，保证果品质量符合国家标准。

11.2 核桃主要病害防治

11.2.1 核桃黑斑病（*Xanthomonas juglandis*（Pierce）Dowson）

（1）分布及为害

核桃黑斑病在我国华北、西北、华东、东北各省核桃产区均有发生。近年来，辽宁、河北、山东、河南、安徽等省引进的新疆核桃受害较重，造成早期落叶、落果，出仁率和含油率降低，严重影响核桃的产量和质量。

（2）病状

此病为害幼果、叶片、新梢及雄花和苗木。幼果受害后，开始果面上出现小而微隆起的黑褐色小斑点，后扩大成圆形或不规则形黑斑并下陷、无明显边缘、周围呈水渍状、果实畸形，如果壳未硬化，病菌可扩展到核仁，导致全果变黑、早期脱落；当果壳硬化后，病菌只侵染外果皮，但核仁不同程度地受到影响，出油率大大降低。叶片感病，首先在叶脉及叶脉的分叉处出现黑色小点，后扩大成近圆形或多角形黑褐色病斑，外缘有半透明状晕圈。雨水多时，叶面多呈水渍状近圆形病斑，叶背更为明显，严重时，病斑连片扩大，叶片皱缩、枯焦，病部中央变成灰白色，有时呈穿孔状，致使叶片残缺不全，提早脱落。

（3）病原

为一种黄色单胞杆状细菌，一端有鞭毛，大小为1.3～3.0μm×0.3～0.5μm，菌落黄色、圆形。

（4）发病规律

病菌在病枝及芽内越冬，翌年春季分泌出细菌，借风雨和昆虫活动传播到叶、果及嫩枝上为害，病菌能侵害花粉，因此，花粉也能传播病菌。病菌由气孔、皮孔、蜜腺及各种伤口侵入。举肢蛾、核桃长足象、核桃横沟象等在果实、叶片及嫩枝上取食或产卵造成的伤口，以及灼伤、雹伤都是该菌侵入的途径。气温在4～30℃时，叶片均可染病；5～27℃时果实均能染病，潜育期10～15d。发病轻重与降雨关系密切，雨水多受害重。

（5）防治方法

①选育抗病品种，加强栽培管理，保持树体健壮生长，提高抗病能力。

②结合采后修剪，清除病枝、病果，集中烧毁或深埋，以减少病源。

③发芽前喷5度石硫合剂，消灭越冬病菌。生长期喷1～3次硫酸铜∶石灰∶水为1∶2∶200的波尔多液，或50%可湿性托布津粉剂1000倍液。

11.2.2 核桃枝枯病（*Melanconium ollangum* Berk.）

（1）分布及为害

核桃枝枯病在河北、河南、山东、陕西、辽宁、江苏均有发生，主要为害枝干，多发生在1～2年生枝条上，造成枝干枯干。一般植株受害率20%左右，重者可达90%，影响树势和产量。

（2）病状

1～2年生枝梢或侧枝受害后，从顶端向主干逐渐干枯。受害枝条皮层变为暗灰褐色，而后渐变为浅红褐色或灰色，大枝病部下陷。病死的枝干、木栓层下散生病菌的分生孢子盘，直径0.2～0.3mm，初期呈黑色短枝状，湿度大时即软化为黑色突起的孢子堆，直径1～3mm。

（3）病原

无性阶段为半知菌类、黑盘孢目的一种真菌，主要是无性阶段侵染为害；有性阶段属于子囊菌亚门，自然情况下很少发生。

（4）发病规律

该病原菌以分生孢子盘或菌丝体在枝条、树干病部越冬。翌年条件适宜时，产生的分生孢子借风雨或幼虫传播，从伤口侵入。该菌属弱寄生菌，生长衰弱的核桃树或枝条易染病，春旱或遇冻害年份发病重。

（5）防治方法

①加强栽培管理，增施有机肥，增强树势，提高抗病能力。

②彻底剪除销毁病枝，消灭菌源，防止蔓延。

③选土壤肥沃、土层厚的地块建园；同时，注意防寒，预防树体受冻。

④主干发病，应及时刮除病部，用 1% 硫酸铜或 21% 果富康 3～5 倍液消毒。

⑤发病严重的核桃园可喷 50% 多菌灵 1 000 倍液或 21% 果富康 400～500 倍液。

11.2.3 核桃腐烂病（*Cytospora juglandis*（DC）Sacc）

（1）分布及为害

又名核桃黑水病，主要危害新疆核桃，分布于西北、华北各省及山东、安徽等省，从幼树到大树均有受害。核桃进入结果期后，如栽培管理不当、缺肥少水、负载太大、树势衰弱，腐烂病发生严重，造成枝条枯死、结果能力下降，严重时引起整株死亡。特别是新疆核桃产区发生较重，个别严重园病株率可达 80% 左右。

（2）病状

核桃腐烂病主要为害枝干树皮，树龄和感病部位不同，其病害症状也不同，大树主干感病后，病斑初期隐藏在皮层内，俗称“湿串皮”；有时多个病斑连片成大的斑块，周围聚集大量白色菌丝体，从皮层内溢出黑色粘液；发病后期，病斑可扩展到长达 20～30cm，树皮纵裂，沿树皮裂缝流出黑水，干后发亮，好似刷了一层黑漆。幼树主干和侧枝受害后，病斑初期近于梭形，呈暗灰色，水浸状、微肿起，用手指按压病部，流出带泡沫的液体，有酒糟气味；病斑上散生许多黑色小点，即病菌的分生孢子器；当空气湿度大时，从小黑点内涌出桔红色胶质丝状物，为病菌的分生孢子角；病斑沿树干纵横方向发展，后期病斑皮层纵向开裂，流出大量黑水，当病斑环绕树干一周时，导致幼树侧枝或全株枯死。枝条受害主要发生在营养枝或 2～3 年生的侧枝上，感病部位逐渐失去绿色，皮层与木质剥离迅速失水，使整枝干枯，病斑上散生黑色小点的分生孢子器。

（3）病原

核桃腐烂病是一种真菌病害，为半知菌类。分生孢子埋于木栓层下，分生孢子器多腔、形状不规则、黑褐色、有长颈。分生孢子单孢、无色、香蕉形。

（4）发病规律

以菌丝及分生孢子器在病枝上越冬，翌年条件适宜时产生分生孢子，分生孢子借雨水、风力、昆虫等传播。从各类伤口侵入，树液流动时开始活动，逐渐扩展蔓延危害。成熟的分生孢子器，每当空气湿度大时，陆续泌出分生孢子角，产生大量的分生孢子，进行多次侵染危害，直至越冬前停止侵染。春秋两季为一年的发病高峰期，特别是在4月中旬~5月下旬危害最重。一般管理粗放、土层瘠薄、排水不良、肥水不足、树势衰弱或遭受冻害及盐害时核桃树易感染此病。

（5）防治方法

①加强核桃园的综合管理，多施有机肥，提高树体营养水平，增强树势和抗寒抗病能力，入冬前树干涂白，注意防冻、防旱和防虫，是防治此病的基本措施。

②及时刮治病斑，以春季为重点，其次是秋季，但常年检查及刮治不能放松，刮下的病屑应及时收集烧毁，避免人为传染。刮病斑时，应将韧皮部和木质部变色部分刮净，并刮掉病斑边缘以外0.5cm的健皮，刮后涂抹1~2次杀菌剂保护伤口和防止病疤复发。或用药治疗，药剂可选用9281（果富康）2~3倍液，涂抹至不起泡沫为止，苹腐速克灵2~3倍液，菌立灭1~5倍液，雷奇果树康3~5倍液。使用这些药剂可不用刮皮，在病斑上间隔1cm纵划数刀深达木质部，然后涂药，半月后再涂一次，连用2~3次即可。

③采收核桃后，结合修剪，剪除病虫枝、枯枝，刮除病皮，收集烧毁，以减少病原菌源。

④落叶后和萌芽前喷药防治，可喷施100倍果富康液，喷洒时注意将直径3cm以上枝干全部均匀喷洒。在生长季喷施1~2次21%果富康400~500倍液。生长季发现病斑及时刮除，并涂抹果富康。

⑤防治其他病虫害，如叶螨、透翅蛾、吉丁虫、蚜虫等，以增强树势、减少腐烂病发生。

11.2.4 核桃炭疽病（*Gloeosporium fructigenum* Berk）

（1）分布及为害

在江苏、山东、河北、河南及山西等省均有分布，在新疆核桃上为害较为严重。主要为害果实，果实受害后早期脱落或核仁干瘪，发病重的年份对核桃产量影响很大。

（2）病状

该病主要危害果实、幼树、嫩梢和芽。果实受害后，果皮上出现褐色至黑褐色病斑，圆形或近圆形，中央下陷，病部有黑色小点产生，有时呈轮状排列。湿度大时，病斑小黑点处呈粉红色突起，即病菌的分生孢子盘及分生孢子。一个病果常有多个病斑，病斑扩大连片后导致全果变黑，腐烂达内果皮，核仁无任何食用价值。发病轻时，核壳或核仁的外皮部分变黑，降低出油率和核仁产量，果实成熟时病斑局限在外果皮，对核桃影响不大。叶片感病后，病斑不规则，有的沿叶缘四周 1cm 处枯黄，或在主脉两侧呈长条形枯黄，严重时全叶枯黄脱落。苗木、幼树、芽和嫩枝感病后，常从顶端向下枯萎，叶片呈烧焦状脱落。

（3）病原

为一种真菌，属于半知菌，与苹果、葡萄炭疽病为同一病原。分生孢子盘圆形，孢子梗短，分生孢子顶生成囊，单生，长椭圆形，无色。分生孢子盘着生于外果皮表层 2、3 层细胞之下，孢子盘成熟后突破寄生表皮，放出分生孢子。

（4）发病规律

病菌以菌丝体在病果、病叶上越冬，成为翌年初次侵染来源。核桃园附近有苹果树则发病重。病菌分生孢子借风、雨、昆虫传播，从伤口、自然孔口侵入，在 25～28℃温度下，潜育期 3～7d，一般幼果期易受侵染，7～8 月发病重，并可多次进行再侵染。新疆核桃感病重、受害严重。发病的早晚、轻重与当年的雨量有密切关系，如雨季早、高温、湿度大、雨多则发病早且重；否则，发病晚、危害轻。

（5）防治方法

①及时清除病叶、病果，集中烧毁或深埋，以减少病源。

②发芽前喷 5 度石硫合剂，消灭越冬病菌。发病前期喷 2～3 次硫酸铜∶石灰∶水为 1∶2∶200 的波尔多液，或 50% 多菌灵 800 倍液，幼果期喷药很关键。

11.3 核桃主要虫害防治

11.3.1 核桃举肢蛾（*Atrijuglans hetauhei* Yang）

属于鳞翅目，举肢蛾科。又名“核桃黑”。

（1）分布及危害

分布于河北、河南、山西、陕西、甘肃、四川、贵州等核桃产区。以幼虫蛀食核桃果皮和种仁，被害果早期脱落或干在树上，轻者种仁不能成熟，出现瘪仁、品质降低；严重时可减产70%～80%。

（2）为害状

幼虫蛀入核桃果后，注入孔呈现水珠，初透明，后变琥珀色，在表皮内纵横穿食为害，虫道内充满虫粪便，被害处果皮变为黑色，并逐渐凹陷、皱缩。一果内幼虫多头，多者30余头，可使整个果皮全部变黑，皱缩形成黑核桃。早期蛀入的部分幼虫可蛀入种子硬壳内为害种仁，使核桃仁枯干。有的被害果全部变黑、干缩，留在枝条上。

（3）形态特征

① 成虫：雌蛾体长4～8mm，翅展13～15mm，雄蛾体较小。体黑褐色、有光泽。触角丝状、淡褐色。头胸部颜色较深，复眼朱红色。下唇须发达，内侧白色，向上弯曲，超过头顶。前翅狭长，缘毛很长，前翅端部1/3处有1半月形白斑，基部1/3处还有1椭圆形小白斑。后翅披针状，缘毛长于翅宽。足白色，后足较长，栖息时向体侧后方举起，后足胫节和跗节具有黑色毛刺。体腹面银白色。

② 卵：椭圆形，长0.3～0.4mm，初为乳白色，后渐变为黄白色，孵化前呈红褐色。

③ 幼虫：初孵幼虫乳白色，头部黄褐色；老熟幼虫体长7.5～9mm，头部暗褐色，胴部淡黄白色，背面稍带粉红色、被有稀疏白刚毛；腹足趾钩为单序环状。

④ 蛹：纺锤形，黄褐色，长4～7mm。初期为黄白色，临羽化时呈黑褐色，并可见红色复眼，气门突出于蛹两侧，清晰可见。

⑤ 茧：长椭圆形，褐色，长7～10mm。常粘附草末和细土粒，在较宽的一端有一圈灰白色缝合线，为成虫羽化时的出孔口。

（4）生活史及习性

核桃举肢蛾在河北、山西一年发生1代，陕西1～2代，河南及西南核桃产区2代。以老熟幼虫在树下较疏松的土中或石块、杂草下及石缝间结茧越冬。河北省越冬幼虫在6月上旬～7月下旬化蛹，蛹期7d左右。成虫6月上旬开始羽化至8月初结束，羽化盛期为6月中旬～7月上旬。6月下雨更有利于成虫羽化和出土。卵期与成虫期基本吻合。6月下旬幼虫开始孵化，为害果实。老熟幼虫从7月下旬开始脱果坠地，结茧越冬。脱果盛期在8月上旬，末期为9月初。幼虫在果实为害约40d左右。

成虫略有趋光性，多在树冠下部叶背活动、交尾和产卵。成虫飞翔、交尾、产卵一般在下午5～8点，高峰时段为下午6～7点。早晨、中午一般多栖息在草丛、石块或核桃叶背面。静止时，后足向侧后方举起，并常作划船式摇动。卵多产在两果相交接处的果面上、果柄基部凹陷处和果实端部残存柱头处，卵散产。每雌产卵30～40粒，卵期4～5d，幼虫孵化后在果面爬行1～3h，寻找适当部位蛀入果内。初蛀入时，蛀入孔处出现黄白色透明胶珠，后变为琥珀色。内果皮未硬化时，幼虫可蛀食内果皮，并进入子叶内部，被害果实青皮皱缩、逐渐变黑，引起早期落果；当内果皮硬化时，幼虫即在果实的青皮层内，纵横穿食破坏，使果皮腐烂变黑，并向内凹陷，使果内充满黑色排泄物。幼虫大部分在8月中旬前脱果，坠入树冠下1～5cm深的土层内或杂草、石块缝隙间结茧越冬。

（5）防治方法

①农业防治：采摘被害果，收集落地虫果，集中深埋；土壤封冻前清除枯枝落叶和杂草，并对树下土壤进行翻耕，破坏越冬虫茧，以降低越冬幼虫基数。

②黑光灯诱杀成虫：核桃举肢蛾成虫略有趋光性，通过黑光灯可诱杀一部分成虫。

③药剂防治：成虫羽化前或个别成虫开始羽化时，地面施用25%的辛硫磷微胶囊，每株施药50g，施药后浅锄一次，毒杀出土幼虫；黑光灯诱蛾始见期5d后开始树上喷药，每隔10～15d喷一次10%的高效氯氰菊酯乳油1 000～1 500倍连喷2～3次。

11.3.2 木橑尺蠖（*Culcula panterinaria* Bremer et grey）

属于鳞翅目，尺蠖蛾科。又名小大头虫、木橑步曲、吊死鬼。

（1）分布及危害

在我国华北、西北、西南、华中均有分布，寄主植物150多种，主要危害核桃和木橑。以幼虫蚕食核桃叶片，是一种暴食性害虫。大发生时，可在3～5d内将全树叶片吃光，严重影响树势和产量。

（2）为害状

被害叶片呈缺刻或孔洞状，甚至被蚕食光、仅剩叶柄。

（3）形态特征

① 成虫：体长18～22mm。复眼深褐色，胸部背面具有棕黄色鳞毛，中央有1条浅灰色斑纹。腹部背面乳白色，末端棕黄色。前后翅散布不规则的浅灰

色斑点，前翅基部有一近圆形黄棕色纹，前后翅的中央各有 1 个明显的浅灰色的斑点。

② 卵：绿色，扁圆形，长约 0. 9mm。卵块上覆有一层黄棕色绒毛，孵化前变为黑色。

③ 幼虫：共 6 龄。老熟幼虫体长 70mm。初孵幼虫头部暗褐色，背线及气门上线浅绿色，以后的幼虫体色随寄主植物的变化而变化，一般为黄绿、黄褐及黑褐色。头顶两侧呈圆锥状突起，体上散生灰白色小点。头与前胸在腹面连接处有一黑斑。

④ 蛹：长约 30mm，初期为翠绿色，逐渐变为黑褐色。体表具小缺刻，颅顶两侧突出明显，似耳状物。

（4）生活史及习性

一年发生 1 代，以蛹在堰根下或梯田石缝内、树干周围的土内越冬。翌年 5 月上旬平均气温达 25℃左右开始羽化，7 月中、下旬为盛期，8 月底为末期。成虫不活泼、趋光性强、晚间活动，白天静伏于树上或梯田壁上，很容易发现。早晨，成虫的翅受潮时不易飞翔。成虫以晚间 8 ~ 12 时出土最多，羽化交尾后 1 ~ 2d 内产卵；喜欢将卵产于寄主植物的皮缝内或石块上，卵块不规则，卵期 9 ~ 10d，每头产卵 1 000 ~ 1 500 粒，多者可产3 000粒以上。成虫寿命 4 ~ 12d。

初孵幼虫活泼、爬行很快，并能吐丝，借风力转移为害。2 龄以后行动迟缓，臀足和胸足攀援在小枝上，时常不易发现。幼虫老熟后坠于地面，潜入树下松软土内或在阴暗潮湿的石缝内化蛹，在这种地方常发现其“蛹”巢，往往几十或几百个聚在一起，蛹期 230 ~ 250d。蛹的越冬存活率与土壤湿度有密切关系，适宜的土壤湿度为 10%；不同环境条件下越冬蛹的死亡率一般是阳坡高于阴坡；浅山区高于深山区；植被稀疏的荒山高于灌木丛生的荒山。木橑尺蠖在春季干旱的年份发生轻，5 月份有适量降雨时有利于该虫的发生。

（5）防治方法

①人工挖蛹：发生严重的地区，可在秋季结冻前和春季解冻后，进行人工挖蛹。

②诱杀成虫：在 5 ~ 7 月成虫羽化期，可在夜间用黑光灯或火堆诱杀成虫；也可在成虫发生期每天早晨人工捕杀成虫。

③药剂防治：应在幼虫 3 龄前进行，可用 10% 的氯氰菊酯1 000 ~ 2 000倍液喷雾。

11.3.3 云斑天牛（*Batocera horsfieldi* Hope）

属于鞘翅目，天牛科。又名核桃天牛、白条天牛。

(1) 分布及危害

全国各地多有分布，河北、河南、山西、山东、陕西等地发生较多，为害核桃、板栗、苹果、梨等果树及桑、柳、栎、榆等林木。以幼虫蛀食树干、成虫为害新梢嫩皮和叶片，严重时造成死树。

(2) 为害状

幼虫先在树皮下蛀食为害，后逐渐深入木质，蛀成纵的或斜的隧道，从蛀孔排出粪便和木屑，树干被害后流出黑水。树干被蛀空而使全树衰弱或枯死，是核桃树的毁灭性害虫。

(3) 形态特征

① 成虫：体长 51～97mm，黑褐色，密被灰绒毛。前胸背板有一对肾形白斑，鞘翅上有大小不等的白斑，呈云片状。体两侧从复眼后方至最后一节各有一条白色条纹。

② 卵：长椭圆形，略弯曲，长 8～9mm，淡土黄色。表面坚韧光滑。

③ 幼虫：体长 74～100mm，黄白色，头扁平。前胸背板两侧有橙黄色半月形斑块，前胸腹面排列有不规则的橙黄色斑块 4 个。后胸及腹部第一至七节背面，由小刺突组成的骨化区呈扁"回"形，腹面第一至七节骨化区呈"口"字形。

④ 蛹：褐色。

(4) 生活史及习性

2～3 年 1 代，以幼虫在树干内越冬。翌年 4 月下旬开始活动，幼虫老熟后，便在隧道内化蛹，蛹期 1 个月左右。在核桃雄花开放时，咬 1cm 左右的圆形羽化孔外出，5 月份为成虫羽化盛期。成虫有趋光性和假死性，多在夜间活动，白天栖息在树干及大枝上，能多次交尾。5 月下旬成虫开始产卵，6 月中旬为产卵盛期。产卵前，成虫先将树皮咬成一个半月形窄口刻槽，每处产卵一粒，一成虫可产卵 20 多粒，卵期 15～20d。幼虫孵化后先在枝干皮层内串食，被害处变黑、流出褐色树液，幼虫逐渐蛀入木质部串食危害。

(5) 防治方法

①人工捕杀：成虫发生期经常检查，利用成虫的假死性进行人工振落、直接捕杀；用黑光灯诱杀成虫；砸卵槽；挖出刚入树干的幼虫；幼虫为害期用铁丝刺入虫道内，刺死幼虫。

②涂白：冬季或 5～6 月份成虫产卵期，用石灰 5kg、硫磺 0.5kg、食盐 0.25kg、水 20kg 充分混匀后，涂刷树干基部，既能防止成虫产卵，又能杀死幼虫。

③药剂防治：发现排粪孔后，清除虫孔内虫粪和木屑，用 5～20 倍乐果或敌敌畏棉球塞堵虫孔，或向虫孔内放入乙磷铝药片熏杀幼虫，外面用泥密封虫孔，效果很好。

11.3.4 核桃小吉丁虫（*Agrilus lewisiellus* Kere）

属于鞘翅目，吉丁虫科。又名核桃枝吉丁、核桃黑吉丁、串皮虫等。

（1）分布及危害

分布于河北、山西、山东、河南、陕西、甘肃、内蒙古等核桃产区。以幼虫蛀食枝干的皮层，在韧皮部和木质部之间串食，可造成枝条死亡，2～15 年生枝均可发生。

（2）为害状

幼虫在枝干皮层中蛀食，受害处树皮变黑褐色，隧道螺旋形，蛀道上每隔一段距离有一新月形通气孔，并有少许黑色液体流出，干后呈白色物质附在裂口上。受害严重的枝条，叶片枯黄早落，翌春枝条大部分枯死。幼树主干受害严重时，致使整株枯死。

（3）形态特征

① 成虫：雌虫体长 6～7mm，雄虫体长 4～5mm。体黑色，具金属光泽，头较小，中部纵凹陷，复眼大，黑色。触角锯齿状。头、胸背面及鞘翅上密布刻点，排列为不规则条纹。前胸背板中间隆起。

② 卵：扁椭圆形，长约 1mm，初白色，近孵化时变褐色。

③ 幼虫：老熟幼虫体长 12～20mm，体扁平，乳白色。头棕褐色，明显缩于前胸内，前胸膨大而扁平，中、后胸较窄，尾部尖端有一坚硬的刺状物。

④蛹：长约 6mm，裸蛹，初乳白色，近羽化时为黑色。

（4）生活史及习性

1 年发生 1 代，以老熟幼虫在 2～3 年生被害枝条的木质部越冬。越冬幼虫 4 月中旬开始化蛹，化蛹盛期在 6 月，蛹期 16～39d。成虫羽化后在蛹室内停留 15d 左右，咬破皮层钻出枝外。成虫期为 5 月上旬～7 月上旬，盛期为 5 月下旬～6 月初，成虫羽化出室后经 15d 左右的取食后开始产卵，即 6 月中旬开始产卵，产卵盛期在 7 月上旬，末期在 7 月下旬，卵多数产在 2～3 年生枝条上，散产并多产在比较光滑的枝条阳面，或枝条外围的叶痕附近。卵期约

10d 左右，卵孵化后幼虫即蛀入枝条，多在 2 ~ 3 年生枝条的皮层中串食危害。成虫寿命约 40d 左右，喜白天活动，产卵需较高的温度与强光。7 ~ 8 月，被害枝的叶片发黄脱落，次年不发芽而枯死。8 月下旬后，老熟幼虫多蛀入干枯枝中的木质部内做蛹室过冬。至 10 月底幼虫全部进入越冬。

(5) 防治方法

①加强管理，增施肥水，增强树势，提高抗虫力。

②核桃采果后至落叶前或春季发芽后，彻底剪除虫枝和弱枝，集中烧毁。

③幼虫发生期，向幼虫蛀入的通气孔涂抹 5 ~ 10 倍的敌敌畏；成虫产卵期和卵孵化期，树上喷 10% 的氯氰菊酯乳油 1 500 ~ 2 500 倍或 15% 的吡虫啉 3 000 ~ 4 000 倍液。

11.3.5 大袋蛾（*Cryptothelea variegata* Snellen）

属于鳞翅目，袋蛾科。又名避债蛾、大蓑蛾。

(1) 分布及危害

分布很广，以幼虫为害核桃、板栗、苹果、梨、桃等多种果树及杨、柳等多种林木。

(2) 为害状

幼虫取食叶片和果实。小幼虫啃食叶背面叶肉，稍大幼虫将叶片吃成孔洞或大缺刻，也啃食果皮。幼虫吐丝缀叶做成袋，袋外层有碎叶片缀合于表层，内层为丝质袋，幼虫取食或爬动时带动虫袋。

(3) 形态特征

① 成虫：雌成虫体长 25 ~ 27mm，无足、无翅，蛆型，头部黄褐色，胸、腹部白色，多茸毛，腹末节有一褐色圈。雄虫有翅，体长 15 ~ 18mm，翅展 26 ~ 35mm，体灰褐色，触角羽状，前翅褐色，外缘有 4 ~ 5 个长形透明斑。

② 卵：椭圆形，初产时乳白色，渐变成淡黄色。

③ 幼虫：初孵幼虫头黑色，渐变成黄褐至黑褐色。老熟幼虫体长 25 ~ 35mm，中部盾片黄褐色，其上有 4 条黑褐色纵纹。

④ 蛹：雌蛹体长约 25 ~ 30mm，赤褐色至紫黑色；雄蛹体长约 15 ~ 20mm，褐至深褐色。

⑤ 袋囊：纺锤形，长 40 ~ 70mm，宽 10 ~ 15mm，丝质，外表包被碎叶。

(4) 生活史及习性

北方每年 1 代，华南每年 2 代。一代区以老幼虫在袋内越冬，袋倒挂在枝条上，5 月化蛹，蛹期约 30d，6 月羽化成虫。雄虫蛹壳外露约 1/2，雄蛾有趋光性，傍晚活动、交尾，寿命2～3d；雌蛾羽化时将头胸部蛹壳带出袋外，交尾1～2h后产卵，寿命12～19d，每次约产卵3 000粒；卵期17～22d，幼虫孵化后在袋囊内停留2～7d，后钻出袋囊分散为害。将碎叶片用丝缀成袋，虫体在袋内，取食时背着袋爬行，头胸部伸出，胸足抓住叶片爬行取食，随虫体增大袋囊也增大。虫体一生不出袋，9月老熟时吐丝，将袋缠于枝上，并封闭袋口越冬。

(5) 防治方法

①入冬时人工摘除虫袋，消灭越冬幼虫。成虫产卵期摘除虫囊，消灭雌成虫和大量的卵粒。摘下的虫囊应放在寄生蜂保护器中，让其羽化飞出再寄生。

②用黑光灯或性激素诱杀成虫，使雌雄不能交尾产卵。

③保护和利用天敌，主要有蓑蛾瘤姬蜂、伞裙追寄蝇等。

④药剂防治应掌握在初龄幼虫盛发期，可喷90%敌百虫晶体1 000倍液或80%敌敌畏乳油800倍液。

⑤在幼虫期喷洒1亿个芽孢子·ml^{-1}的青虫菌、杀螟杆菌和松毛虫杆菌等生物农药。

11.3.6 褐边绿刺蛾（*Latoia consocia* Walker）

属于鳞翅目，刺蛾科。又名绿刺蛾、青刺蛾、洋辣子

(1) 分布及危害

分布很广，全国各地几乎都有发生。杂食性，危害核桃、枣、板栗、苹果、梨、桃、李、杏、山楂等多种果树及杨、柳、榆、槐等多种林木。主要以幼虫为害叶片，在喷药较少的核桃、枣等果树上，常造成严重危害。

(2) 为害状

初孵幼虫群集危害，啃食叶背面叶肉，留下上表皮和叶脉，使叶成半透明网状。稍长大后成排沿叶缘取食，4龄后逐渐分散为害，可将叶片吃成缺刻或将叶吃光。

(3) 形态特征

① 成虫：体长16mm，翅展36mm左右。体大部分为绿色，复眼黑褐色。雌蛾触角丝状，雄蛾触角短羽状。头、胸部绿色，背部中央有一条浅褐色纵纹，前翅大部分为绿色，翅基部为褐色，外缘棕黄色，后翅与腹部淡黄色，前翅翅缘毛淡黄色。

② 卵：扁椭圆形，长约2mm，宽约1.4mm。初产乳白，渐变黄绿色，多数10粒成块，鱼鳞状排列。

③ 幼虫：老熟幼虫体长 24～27mm，宽 7～8.5mm，略成长筒状。头红褐色，前胸背板黑色，身体翠绿色，背线黄绿至浅蓝色。前胸背板有一对黑斑，中胸及腹部有 4 个毛瘤，瘤上有一丛刚毛，腹末的 4 个毛瘤上有黑蓝色刚毛丛。

④ 蛹：长 13mm 左右，椭圆形，黄褐色。

⑤ 茧：近圆筒形，棕褐色，比较坚硬。

（4） 生活史及习性

在东北、华北每年发生 1 代，长江以南 1 年 2～3 代，以老幼虫在树干根颈处土内结茧越冬。一代区一般 5 月下旬化蛹，6～7 月羽化成虫，卵期约 7d。幼虫发生期 6～9 月，危害盛期为 7～8 月，8 月下旬～9 月下旬幼虫老熟结茧越冬。二代区第 1 代幼虫发生期 6～7 月，7 月中旬以后第一代幼虫陆续老熟结茧化蛹；8 月初第一代成虫开始羽化产卵，8 中旬～9 月第二代幼虫危害活动，9 月中旬后，幼虫老熟后在树干上或树下浅松土层、草丛中结茧越冬。成虫有趋光性、昼伏夜出，卵多产于叶背主脉两侧，初孵幼虫先吃卵壳，后取食叶肉。

（5） 防治方法

①用黑光灯诱杀成虫。

②人工挖茧：幼虫结茧多在根颈部土内或贴在树皮上，挖出杀死。

③消灭初龄幼虫：初龄幼虫有群栖为害习性，及时摘除虫叶、踩死幼虫。

④药剂防治：虫口密度大时，可喷药防治，喷施 25% 灭幼脲 3 号胶悬剂 1 000倍液；Bt 乳剂 500 倍液；青虫菌（每克含孢子 100 亿以上）1 000倍液；80% 敌敌畏乳油1 000倍液。

11.3.7 黄刺蛾（*Cnidocampa flavescens* Walker）

（1） 分布及危害

全国各地几乎都有发生。危害苹果、梨、山楂、核桃、枣、板栗、桃、李、杏等多种果树及杨、柳、榆等多种林木。

（2） 为害状

低龄幼虫啃食叶背面叶肉，使叶片呈网眼状；幼虫长大后分散为害，将叶片吃成缺刻，只残留主脉和叶柄。

（3） 形态特征

① 成虫：体长 13～16mm，翅展 29～36mm。前翅内半部黄色，外半部黄褐色。

② 卵：扁椭圆形，长约 1.5mm，多产在叶面上，数十粒成卵块。

③ 幼虫：老熟幼虫体长 20～25mm，体近长方形；体背有紫褐色大斑，呈哑铃状。末节背面有 4 个褐色小斑。体中部两侧各有两条蓝色纵纹。

④ 蛹：椭圆形，肥大，淡黄褐色。

⑤ 茧：石灰质，坚硬，似雀蛋，茧上有数条白色与褐色相间的纵条纹。

(4) 生活史及习性

在东北、华北大多每年发生 1 代，河南、陕西、四川一年可发生 2 代。以老熟幼虫结茧在树杈、枝条上越冬。1 代区 5 月中旬开始化蛹，蛹期约 15d，6 月中旬～7 月中旬出现成虫，交尾并产卵，卵期 7～10d，幼虫 6 月下旬～8 月为害，8 月中下旬老熟并结茧越冬。2 代地区多于 5 月上旬开始化蛹，成虫 5 月底～6 月上旬开始羽化，7 月份为幼虫为害期；下一代成虫于 7 月底开始羽化，第二代幼虫为害盛期在 8 月上、中旬，9 月初幼虫陆续老熟、结茧越冬。成虫有趋光性，昼伏夜出，羽化后即交尾，不久产卵，多产在叶背面近端部。初孵幼虫集中为害，稍大后分散为害。

(5) 防治方法

同褐边绿刺蛾。

11.3.8 扁刺蛾（*Thosea sinensis* Walker）

属于鳞翅目，刺蛾科。又名黑点刺蛾。

(1) 分布及危害

全国各地几乎都有发生。危害苹果、梨、山楂、核桃、枣、板栗、桃、李、杏等多种果树及多种林木。

(2) 为害状

以幼虫取食叶片。小幼虫将叶片啃食成网眼状，大幼虫将叶片吃成缺刻或将叶片吃光。

(3) 形态特征

① 成虫：体长 16mm，翅展 28～39mm，触角雌蛾丝状，雄蛾栉齿状。体灰褐色，前翅浅灰色或灰褐色，外横线暗褐色，外横线外黄褐色并具黑色小点，后翅黄褐色。

② 卵：扁椭圆形，长约 1.5mm，黄白色。

③ 幼虫：老熟幼虫体长 25～28mm，长椭圆形、黄绿色，背线黄褐色，体两侧第 4 节各有一红点，其上生有刺毛，虫体两侧边缘有瘤状刺突各 10 个，上生较长刺毛。

④ 蛹：扁椭圆形，长约 13mm，黄褐色。

⑤ 茧：长 12 ~ 16mm，椭圆形，暗褐色，似鸟蛋。

(4) 生活史及习性

在东北每年发生 1 代，长江中下游每年 2 代，南方可发生 3 代，均以老幼虫在树下结茧越冬。一代区 5 月发生成虫，6 ~ 7 月发生幼虫；2 代区第 1 代幼虫为害期 5 ~ 8 月，第 2 代幼虫 7 ~ 9 月发生；3 代区 8 ~ 10 月还可发生一代，各代交错、发生期不整齐。成虫羽化后交尾产卵，卵散产于叶面上。幼虫孵化后经一次蜕皮后取食，先食卵壳，再啃食叶肉，幼虫日夜取食，共经 8 龄，老熟后入土作茧化蛹。

(5) 防治方法

同褐边绿刺蛾。

11.3.9 金龟子类

危害核桃的金龟子有黑绒金龟、苹毛丽金龟、铜绿丽金龟等。

黑绒金龟（*Maladera orientalis* Motschulsky）

(1) 分布及危害

全国各地都有分布，以河滩地、山荒地果园发生较严重。为害苹果、梨、李、山楂、核桃等多种果树，也取食杨、柳、榆等林木叶片。

(2) 为害状

以成虫危害嫩芽、嫩叶和花，受害重的全部吃光，轻的啃食呈缺刻状。

(3) 形态特征

① 成虫：体长 6 ~ 9mm，近卵圆形。体色黑褐色或棕褐色，少数为淡褐色，被覆黑色丝绒状毛。翅面有 9 条刻点沟，缘褶有成列纤毛。

② 卵：长约 1.2mm，椭圆形，乳白色。

③ 幼虫：乳白色，头部黄色，体上有黄褐色细毛。

④ 蛹：体为黄色，头部黑褐色。

(4) 生活史及习性

我国中部一年 1 代，以成虫在土里越冬。成虫出蛰早，3 月中旬开始活动，4 月发生最多，有雨后出土习性。成虫傍晚出土上树为害，一般经三四个小时后，夜间气温下降，成虫又下树潜入土中不动。成虫飞翔力强，有趋光性及假死性。

铜绿丽金龟（*Anomala corpulenta* Motschulsky）

(1) 分布及危害

分布于华北、东北各省。主要危害葡萄、核桃、板栗、苹果、梨、桃、杏、樱桃等树种及其他林木和作物。

(2) 为害状

主要以成虫危害叶片，将叶片咬成孔洞，受害严重时整株叶片被食、仅留叶柄。幼虫食害果树根部，但危害性不大。

(3) 形态特征

① 成虫：体长 16～22mm，宽 8～12mm，铜绿色，长卵形，中等大小。头、前胸背板色泽较深，鞘翅色较淡而泛铜黄绿色，有光泽，两侧边缘黄色，腹面多呈乳黄色或黄褐色。触角 9 节。

② 卵：椭圆形，乳白色。

③ 幼虫：体长约 30mm，体向腹面弯曲，乳白色，头部褐色。

④ 蛹：为裸蛹，初为白色，后渐变为浅褐色。

(4) 生活史及习性

在华北地区一年发生 1 代，以幼虫在土中越冬。春季土壤解冻后，幼虫开始由土壤深层向上移动，4 月中下旬平均地温达 14℃左右时，大部分幼虫上升到地表，取食植物的根系。4 月下旬～5 月上旬，幼虫做土室化蛹。5 月下旬出现成虫，成虫发生盛期在 6 月，7 月份仍陆续发生。成虫多在晚间活动，每天傍晚，大量成虫群集在果树上为害直至深夜。成虫有趋光性和假死性，昼伏夜出，产卵于土中。幼虫孵化后取食植物根系，秋季逐渐向土壤深处转移越冬。

苹毛丽金龟（*Proagopertha lucidula* Faldermann）

(1) 分布及危害

分布于华北、东北等地。主要为害苹果、梨、桃、杏、李、葡萄、核桃等多种果树及部分农作物和林木树种。

(2) 为害状

成虫在花期发生，咬食花蕾成洞，花开后啃食柱头和花瓣，同时危害嫩叶，造成减产。

(3) 形态特征

① 成虫：体长 10mm。头、胸背紫铜色，鞘翅黄褐色、半透明、有光泽，鞘翅上有 9 条刻点沟，体褐色且密布黄白色茸毛。

② 卵：椭圆形，乳白色，表面光滑。

③ 幼虫：老幼虫体长 18～22mm，头部黄褐，胸及腹部乳白，各节均有横皱纹，胸足细长，无腹足。

④ 蛹：裸蛹，初期乳白，后期淡褐色，羽化后渐变深褐色。

（4）生活史及习性

一年1代，以成虫在30~50m土层内越冬。果树萌芽前出土，花蕾受害最重，花期仍有大量发生及危害。成虫为害期7~8d，即行交尾，花后入土产卵，卵期约30d，幼虫孵化后即在土壤内活动，秋季化蛹并羽化为成虫，在土内过冬。成虫白天活动，尤以无风、晴朗之日活动取食最盛，群集危害，早晚静伏，有假死性，无趋光性。

（5）金龟子的防治方法

① 必须使用充分腐熟的厩肥作底肥，否则极易孳生蛴螬（金龟子幼虫）。当蛴螬在表层活动时，适时翻土，随即拾虫。

② 利用金龟子不耐水淹的特点，清除杂草和适时灌水。

③ 利用成虫的假死性，在盛发期震落成虫人工捕杀；有趋光性的金龟子用黑光灯诱杀成虫。

④ 喷药防治：发生严重时可菊酯类、灭幼脲等生物农药防治。

11.3.10 枣豹蠹蛾（*Zeuzera* sp.）

属鳞翅目豹蠹蛾科。俗称截杆虫。

（1）分布及危害

分布于河北、河南、山东、山西、陕西等地。主要危害枣、核桃，其次是苹果、杏、梨、石榴、刺槐等多种果树及林木。

（2）为害状

幼虫在嫩枝内蛀食木质部，被蛀食处以上枝条凋萎，并继续向下蛀食，每隔一段蛀一排粪孔，孔很大并有粪排出。被害新梢枯死，果实随之萎蔫、脱落，造成严重减产。

（3）形态特征

①成虫：雌蛾体长约18~20mm，翅展35~37mm；雄蛾体长18~22mm，翅展34~36mm。全体灰白。雌蛾触角丝状，雄蛾触角基半部双栉状，端半部线状。雄蛾背部具平行的3对黑蓝色斑点，腹部各节均有黑蓝色斑点。翅灰白色，前翅散生大小不等的黑蓝色斑点，以前缘、外缘、后缘着生的黑点颜色较深，后翅亚中褶以前散生黑蓝色斑点。腹部赤褐色，密披白色鳞片，每腹节背面有一横长方形黑斑，每节腹面具黑斑3块。

② 卵：长约1mm，长椭圆形，杏黄色，上有网状刻纹密布。

③ 幼虫：初孵幼虫褐色，后变暗红褐色。前胸背板宽大，有1对子叶形黑斑，后缘具有4排黑色小刺，臀板黑色。老熟幼虫体长35~41mm，全体紫

红色，第 4 腹节背板有黑色骨化带，臀足上方的侧板也有黑褐色骨化区。

④ 蛹：赤褐色，长约 15 ~ 22mm。

(4) 生活史及习性

在华北每年发生 1 代，以幼虫在被害枝内越冬。3 ~ 4 月开始活动，4 月下旬取食危害，沿髓部向上蛀食，隔不远向外咬一排粪孔，被害枝梢上部即枯萎死亡、很易发现。6 月上旬吐丝连接碎屑和粪便，堵塞隧道作蛹室，并向外咬一羽化孔。6 月下旬羽化成虫，7 月中旬 ~ 8月上旬为羽化高峰期。成虫有趋光性。卵常数粒产在一起，或单产。

(5) 防治方法

①7 ~ 8 月成虫发生期用黑光灯诱杀成虫。

②剪除被害枝梢，集中烧毁。

第十二章

核桃采收、加工与贮藏

核桃果实的采收与采后加工处理及贮藏是核桃栽培生产的最后一步，也是不可忽视的一环。它直接涉及到丰产是否丰收、丰收是否优质和高效的问题。如果不能适期科学采收与处理，则会严重影响果品质量，尤其是采后脱青皮和干制过程操作不当，会大幅度降低果品的商品质量。

12.1 核桃采收时期及方法

12.1.1 采收时期

核桃适时采收非常重要，采收过早青皮不易剥离、种仁不饱满、出仁率和出油率低，且不耐贮藏；采收过晚则果实易脱落，同时，青皮开裂后停留在树上的时间过长，会增加受霉菌感染的机会，导致坚果品质下降。

核桃果实的成熟期因品种和气候条件不同而异。早熟和晚熟品种成熟期可相差 10～25d。一般来说，北方地区的成熟期在 9 月上旬至中旬，南方相对早些。同一品种在不同地区的成熟期有所差异，如香玲在邢台地区于 9 月上旬成熟，在山东 8 月下旬成熟。同一地区内的成熟期也有所不同，平原区较山区成熟早；低山区比高山区成熟早；阳坡较阴坡成熟早；干旱年份比多雨年份成熟早。核桃果实成熟的外观形态特征是：青果皮由绿变黄、部分青果皮侧面开裂、青果皮易剥离。此时的内部特征是：种仁饱满、幼胚成熟、子叶变硬、风味浓香。这时才是果实采收的最佳时期。大的核桃园品种较多，要按不同品种分期进行采收，采完一个品种再采另一个品种，不要所有品种一齐采收。目前，生产中多数采收偏早，应予以注意。

12.1.2 采收方法

核桃采收一般采用人工采收法和机械震动采收法。

(1) 人工采收法

在大批量产业化规模生产的情况下，在果实成熟时，为了便于机械化脱青皮处理，要采用单个果实手工采摘的方法，也可用采收剪剪取果实，不能损伤青皮。而在单个农户小规模经营人工脱青皮时，可用带铁钩的竹竿或木杆钩取果实要点是：从上至下、从内向外顺枝进行，以免损伤枝芽，影响翌年产量。

(2) 机械震动采收法

采收前10～20d，在树上喷施500～2 000mg/kg乙烯利催熟，然后用机械震动树干，使果实震落到地面。此法的优点是：青皮容易剥离、果面污染轻。但用乙烯利催熟，往往会造成叶片大量早期脱落而削弱树势。另外，容易使叶片脱落，芽当年萌发并影响下年产量和树体安全过冬。此法国内运用较少。

12.2 核桃脱青皮和晾晒

12.2.1 脱青皮

(1) 堆沤脱皮法

是我国传统的核桃脱皮方法。其技术要点是：果实采收后及时运到室外阴凉处或室内，切忌在阳光下曝晒，然后，按50 cm左右的厚度堆成堆（堆积过厚易腐烂）。若在果堆上加一层10 cm左右厚的干草或干树叶，则可提高堆内温度、促进果实后熟、加快脱皮速度。一般堆沤3～5d，当青果皮离壳或开裂达50%以上时，即可用棍敲击脱皮。对未脱皮者可再堆沤数日，直到全部脱皮为止。堆沤时切勿使青皮变黑，甚至腐烂，以免污液渗入壳内污染种仁，降低坚果品质和商品价值。

(2) 药剂脱皮法

由于堆沤脱皮法脱皮时间长、工作效率低、果实污染率高、对坚果商品质量影响较大，所以，自20世纪70年代以来，有些单位开始试用乙烯利催熟脱皮技术。其具体做法是：果实采收后，在浓度为0.3%～0.5%乙烯利溶液中浸蘸约30s，再按50 cm左右的厚度堆在阴凉处或室内，在温度为30℃、相对湿度80%～95%的条件下，经5d左右，离皮率可高达95%以上。乙烯利催熟时间长短和用药浓度与果实成熟度有关。果实成熟度高，用药浓度低、催熟时期也短。

（3）机械脱青皮

用核桃脱青皮机处理。具有青皮果不用堆沤、脱青皮效率高、脱皮干净、不伤内核、脱青皮和清洗同时进行等优点，脱皮清洗后，可直接进行晾晒或烘干。要求青皮果无病虫害、青皮完整。

12.2.2 坚果冲洗

核桃脱青皮后，先进行清水洗涤，清除坚果表皮面上残留的烂皮、泥土和其他污染物，以提高坚果的外观品质和商品价值。

洗涤方法：将脱皮的坚果装筐，把筐放在水池中，用竹扫帚搅洗，采用流水式或增加冲洗次数效果更好。薄皮核桃不进行漂白处理，以保持原有风味。做种子用的坚果，脱皮后不必洗涤和漂白，可直接晾干后贮藏备用。

12.2.3 晾晒

一般坚果脱青皮后可采用自然晾晒法、火炕烘干法，有条件的产区可采用核桃坚果烘干机进行烘干。

（1）自然晾晒法

洗好的坚果可在竹箔或高粱秸箔上阴干半天，待大部分水分蒸发后再摊放在芦席或竹箔上晾晒，且不可在阳光下曝晒，以免核壳破裂、核仁变质。坚果摊放厚度不应超过 2 层果，以免种仁背光面变为黄色。注意避免雨淋和晚上受潮，一般晒 5 ~ 7d 即可。判断干燥的标准是：坚果碰敲声音脆响，横隔膜易于用手搓碎，种仁皮色由乳白变为淡黄褐色，种仁含水率不超过 8%。

（2）火炕烘干法

秋雨连绵时，可用火炕烘干。坚果的摊放厚度以不超过 15cm 为宜，过厚不便翻动，烘烤也不均匀，易出现上湿下焦；过薄易烧焦或裂果。

烘烤温度：烤房温度以 25 ~ 30℃ 为宜，但要打开天窗，排出水蒸气；当烤到四五成干时，关闭天窗，将温度升至 35 ~ 40℃；待到七八成干时，将温度降至 30℃ 左右；最后用文火烤干为止。

翻动适度：果实上炕到大量水气排出前，不宜翻动果实；经烤烘 10 h 左右，壳面无水时才可翻动，越接近干燥，越勤翻动。最后阶段每隔 2h 时翻动 1 次。

（3）烘干机烘干法

利用低温烘干机烘干脱除青皮后的坚果，是核桃现代规模化生产的主要方法。

12.3 核桃的分级、包装和加工贮藏

核桃坚果的分级和包装对树立品牌、产品的销售极为重要。我国加入WTO以后，增强核桃在国际市场上的竞争力，分级包装也是一个重要环节。

12.3.1 核桃坚果分级标准和包装

（1）按直径分级

根据核桃外贸出口要求的标准，坚果按直径大小分为3个等级：1等为30 mm以上；2等为28～30 mm；3等为小于28 mm。要求壳面光滑、洁白、干燥（核仁含水率不得超过6.5%），成品内不允许夹带任何杂果，不完善果总计不得超过10%。

（2）综合分级

根据我国国家林业局（原林业部）颁布的《核桃丰产与坚果品质》（LY/T1329－1999），核桃坚果分为4个等级：

- 优级　坚果外观整齐端正，畸形果不得超过10%；壳面光滑或较麻，缝合线平或低；平均单果重不小于8.8 g；内隔壁退化，手指可破；能取整仁；种仁黄白色，饱满；壳厚度不超过1.1 mm；出仁率不低于59%；味香，无异味。
- 1级　外观同优级。平均单果重不小于7.5 g；内隔壁不发达，两个果用手可以挤破，能取整仁或半仁；种仁深黄白，饱满；壳厚度1.2～1.8 mm；出仁率为50%～58.9%；味香，无异味。1级和优级的露仁、缝合线开裂、壳面或种仁有黑斑的坚果不得超过10%。
- 2级　坚果外观不整齐、不端正，壳面麻，缝合线高；平均单果重不小于7.5 g；内隔壁不发达，能取整仁或半仁；种仁深黄色，较饱满；壳厚1.2～1.8 mm；出仁率为43%～49.9%；味稍涩，无异味。
- 等外　抽检样品中，夹仁坚果数量超过5%时，列入等外。

（3）包装

包装是内在产品的装潢体现，要与内在产品协调一致。

在国内市场上，目前普遍在由以前的大包装改为小包装，由3～5kg改为

1～2kg 的零售盒装，在包装物的设计上也在追求直观、精制、携带方便。包装上要注明品种、等级、数量、生产日期、产地、批号等。

12.3.2 核桃仁的简单加工

我国核桃取仁现在一般采用人工取仁和机械取仁 2 种方法。

（1）人工取仁法

多采用锤子人工砸取。砸仁时，应注意将缝合线与地面垂直放置，用力要均，切忌猛击或多次连击，尽可能提高整仁率。砸仁前，一定要清理好场地，保持场地的卫生，不可直接在地上砸；坚果砸破后，先装入干净的筐篓中或塑料布上，砸完后再剥出核仁；剥仁时，应戴上干净的手套，将剥出的核仁直接放入干净的容器或塑料袋内，然后再分级包装。

（2）机械取仁法

目前，我国尚很少采用。

12.3.3 核桃仁分级与包装

（1）分级

根据核仁颜色和完整程度将核仁划分为 8 个级，行业术语称“路”。即：

①白头路　1/2 仁，淡黄色；

②白二路　1/4 仁，淡黄色；

③白三路　1/8 仁，淡黄色；

④浅头路　1/2 仁，浅琥珀色；

⑤浅二路　1/4 仁，浅琥珀色；

⑥浅三路　1/8 仁，浅琥珀色；

⑦混四路　碎仁，色浅且均匀；

⑧深三路　碎仁，深色。

要求核仁干燥，水分不超过 5%；仁肥厚、饱满、无虫蛀、无霉烂变质、无异味、无杂质。

（2）包装

出口核桃仁要按等级用纸箱或木箱包装，做木箱的木材绝不能有怪味。一般每箱核仁净重 20～25 kg。包装时，应采取防潮措施，一般在箱底和四周衬垫硫酸纸等防潮材料。装箱后，立即封严、捆牢，并注明重量、等级、地址、货号等。

12.3.4 核桃贮藏

核桃贮藏一般采用普通室内贮藏和低温贮藏2种方法。

(1) 普通室内贮藏法

即将晾干的核桃装入布袋或麻袋中，放在通风、干燥的室内贮藏或装入筐(篓)内堆放在阴凉、干燥、通风、背光的地方贮藏。为避免潮湿，最好在堆下垫石块，而且能防鼠害。少量种用核桃可装在布袋中挂起来。此法只能短期存放，不能完全过夏，容易发生霉烂、虫害和有哈喇味。

(2) 低温贮藏法

长期贮藏核桃应在低温条件下。大量贮存可用麻袋包装，贮存在0~1℃的低温冷库中，效果好。在无冷库的地方，可用塑料薄膜帐密封贮藏，选用0.2~0.23 mm厚的聚乙烯膜做成帐。帐的大小和形状可根据存贮数量和包贮条件来设置，帐内含氧量在2%以下。如贮量不多，可将坚果封入聚乙烯袋中，贮存在0~5℃的冰箱、冰柜中，可保存良好品质2年以上。

南北方因气候条件不同，贮藏方法各异。北方冬季气温低、空气干燥，秋季入帐的核桃，不需立即密封，待翌年2月下旬气温逐渐回升时，再进行密封。密封应选择低温、干燥的天气进行，使帐内空气相对湿度不高于50%~60%，以防密封后霉变。一般长期贮藏核桃，其含水量不得超过7%。在低温(1.1~1.7℃)条件下贮存核桃仁，可保持2年不腐烂。核桃入库后，要在库房中加强防霉、防虫蛀、防出油、防鼠等措施。

第十三章

核桃产业化生产体系建设

产业化生产是当今市场经济体制下农业生产社会化的必然趋势。产业化是集中先进技术、通畅物资信息和技术服务渠道、降低生产成本的根本保障，其重要意义在于改变农业的弱质地位，提高农业的规模化效应和产品质量，促使农业突破传统的生产范围，向加工业、商业等拓展，形成生产、加工、科技、服务、销售的产业链，并逐步走向现代农业。核桃优质高效生产也必须走产业化生产之路，实践中有河北绿岭果业有限公司等成功的实例。

13.1 核桃产业化体系

13.1.1 产业化的概念

(1) 产业的含义

《辞海》对产业有两个解释，一是指私有的土地、财产、房屋等；二是指各种生产的事业，也特指工业，如产业工人、产业革命。一件事情是否是“产业”，可以从4点去考虑：

a. 完全是市场经济的运作形式。

b. 具有较严格、较详细的专门分工。产业化是随着产业革命，社会分工和专业化生产而产生的。

c. 与资金有密切关系，产业化是把“货币”作为主要的媒介。社会上的任何一部分，都不可能是封闭的，“交换”是必然存在的。

d. 参与这事业的人主要是为了工资。

“产业”是一个涵盖比较广泛，但不是十分清晰的概念。从这4点来看，“产业”是事业普遍存在的一种方式。

（2）农业产业化的含义

从生产方式来看产业化也可以称作工业化；从经营方式来看，产业化也被谓之“企业化”。18世纪的工业化大革命，使得纺织、机械制造及许多用品的制造，都实现了从手工到作坊、到企业生产的变化，发达国家的农业也随之出现了企业化经营。关于农业产业化的说法很多，1995年12月11日的人民日报社论《论农业产业化》文中对农业产业化的定义是迄今所见到的较为完整、全面、科学的定义。这篇社论对农业产业化的定义是：“农业产业化是以国内外市场为导向，以提高经济效益为中心，对当地农业的支柱产业和主导产品，实行区域化布局、专业化生产、一体化经营、社会化服务、企业化管理，把产供销、贸工农、经科教紧密结合起来，形成一条龙的经营体制和产业组织形式。”

农业产业化的基本内涵是：

a. 以市场为导向　农业产业化是市场经济的产物，农产品只有依据市场需求的动向，组织生产、加工和销售，才能生存和发展。

b. 以“龙头”企业为依托　在农业产业化经营中，“龙头”企业起着把小规模分散经营的农户与国内外大市场衔接起来的桥梁与纽带的作用，因此，只有依托“龙头”企业的带动，农业产业化经营的优越性才能发挥出来。

c. 以一大批农户组成的农产品商品生产基地为基础　农业产业化经营必须形成小规模大群体式的农产品商品基地，实行种植区域化、生产专业化、产品商品化、经营集约化，才能为“龙头”企业提供大批量、高质量的农产品。

d. 形成农工商有机的产业链　即将农业生产部门、农产品加工部门和产品销售部门有机结合在一起，使农民生产的农产品由工商部门实行保护价收购，同时，也使农产品加工和经销部门有可靠的货源。

e. 农业产业化经营产业链中的各经济主体之间，形成一定程度的利益共同体　这里主要指龙头企业与基地农户之间必须形成一定程度的风险共担、利益共享的共同体。这是农业产业化经营链条之间的凝聚力之所在，也是农民获得利润返还、提高比较效益的利益机制。

农业产业化的基本思路是：确定主导产业，实行区域布局，依靠龙头带动，发展规模经营，实行市场牵龙头，龙头带动基地，基地连农户的产业组织形式。

（3）农业产业化的基本特征

a. 生产的产品面向国际、国内两个大市场；

b. 立足本地自然优势、产品优势和经济优势；

c. 依靠科技的进步，形成规模经营；

d. 生产过程实行专业化分工；

e. 生产环节采取贸工农、产供销密切配合的方式；

f. 充分发挥“龙头”企业开拓市场、引导生产深化加工、配套服务的功能，采取现代企业的管理方式。

（4）农业产业化的实现方式和目的

a. 使农民真正得利。这是实行农业产业化经营的核心。实行产加销一体化，目的是使农民不仅获得生产环节的效益，而且能分享加工、流通环节的利润，从而使农民富裕起来。这是推进农业产业化经营的宗旨。

b. 最大限度地提高土地产出率和农产品转化为商品率　这是实行农业产业化经营的目的。

c. 农业科技贡献率有较大幅度的提高　这是实行农业产业化经营的关键。

d. 农产品的生产与市场流通有效地结合起来　这是实行农业产业化链条的首要环节。

目的是建设良好的“龙头”企业　以“龙头”企业来内联千家万户，外联两个市场为引导，带动、辐射农业产业化的发展，这是实现农业产业化的中枢。培养一批主导产品、一批“龙头企业”、一批服务组织、一批商品基地。

13.1.2　产业化生产的优越性

实行产业化生产，可以促进优势产业形成较大的规模，从而可以形成专业化的特色市场和销售流通中心，促进销售流通，市场的进一步需求反过来还会促进生产的发展。其次，产业化生产，可以促进先进技术的快速转化推广，从而提高产品质量，形成优质产品生产中心和新技术辐射源，降低生产成本，提高生产经营的经济效益。第三，产业化生产的发展，可以促进产前、产中、产后的物资、信息服务体系的发展与完善，从而降低经营成本，增加收入。第四，产业化生产的发展，可以促进农村劳力的专业化分工，带动第三产业及其他产业的发展，从而带动整个农村经济的振兴。核桃优质高效生产也必须走产业化生产之路。

13.1.3　核桃产业化生产体系的构成

（1）销售体系

产业化生产体系中最关键的是销售体系，也就是开拓市场。任何产品都一样，没有市场就没有生命力、就没有生产规模的扩大；市场是决定资源分配的关键因素。市场不完全是自然形成的，有它自身发生、发展和壮大的规律，在很大程度上受人为因素的影响。要培育良好的核桃市场，建设有效的核桃销售体系，需要做好以下几点：

a. 选好优良品种，创造知名产品。创造知名产品是开拓市场的最关键因素，知名产品的创造靠的是优良的品种、优良的品质、严格的质量、高度的信誉和广泛的知名度。核桃优良品种的标准是口感好、好剥、耐贮藏。一定要做到栽培品种化、采收加工标准化、商品整齐化，决不能品种混乱、大小不一，要严格分级，不同品种单采单收，提高核桃的商品质量。关键的环节是栽培上要品种集中，规模栽植，不要一个地区发展十几个甚至几十个品种。最典型的例子是美国加州地区，虽然该地区的核桃生产总量占到了美国全国核桃生产总量的80%，但其主栽品种在某一个固定时期仅仅3～4个。

b. 建设龙头企业，创造知名品牌。知名品牌是知名产品的主要载体，龙头企业是知名品牌的主要载体。因此，建设良好的核桃生产龙头企业是创造知名品牌的重要因素。国内典型的知名品牌农产品都是著名龙头企业创造的，如三鹿乳业、华龙面等等，分别带动了我国北方奶牛养殖业、专用小麦种植业等的大规模发展，并开拓出了良好的市场。

c. 广泛宣传，形成知名品牌。充分利用贸易洽谈会、农产品展销会、新闻媒体等形式，广泛宣传产品，这是增加产品知名度、形成知名品牌、开拓产品市场、扩大销售数量的重要环节。因此，加强核桃营养、保健功能的宣传，加强优良品种特殊性能的宣传，是开拓核桃销售市场，创造核桃知名品牌不可缺少的重要途径。

d. 利用品牌效应，健全营销网络。销售体系的主体是当地及附近的大市场，除此之外，还要在全国各大城市建立销售网点；同时，通过上网等现代化手段，开展网上交易。切实搞好产品宣传和信息发布；充分利用当地兼职营销队伍，建立多渠道的销售网络。

（2）产前信息服务体系

产前信息服务体系是核桃产业化体系的重要基础，是市场综合信息的传播。通过这些信息，农民可以确定要发展的品种、要生产的商品目标、要采取的综合技术措施、经济以及人力资源的分配重点等。因此，信息服务体系的建设程度，决定了新产品和市场急需产品、畅销产品的生产规模和发展速度。只有及时地将市场需求信息广泛传播到农民当中，才能调节农民的市场方向，促进他们尽快地采用新品种、推广新技术，提高核桃生产的经济效益，从而进一步促进核桃生产向着优质高效方向发展。具体方法如下：

a. 通过核桃生产协会进行产前信息服务；

b. 通过网络系统传播产前市场信息；

c. 通过集中的当地市场传播产前市场信息；

d. 通过政府技术推广机构如技术推广站等传播产前市场信息；

e. 通过龙头企业的技术服务部和销售部传播产前市场信息。

(3) 生产过程中的技术服务体系

生产过程中的技术服务体系是在产业化生产过程中，在市场信息的影响下，农民确定了生产目标后，在落实目标时所需要提供的全程技术服务体系。这种体系目前主要由5部分构成：

a. 政府技术推广机构。当前，政府技术推广机构主要有林业技术推广站、农业技术推广站等，这是当今社会制度下技术服务的主体。政府应出台一系列优惠政策，充分调动政府机构技术推广人员的技术服务积极性，使他们在核桃产业化生产过程中尽全力解决农民的技术问题，并从服务中得到人生价值的体现。政府推广机构要想工作更有成效，就应该采取有效的措施保证组织内部和农民的双向沟通，主动面向农民，保证根据发展的需要及时调整推广计划。随着社会主义市场经济的建立，我国的政府推广机构正在加强体制改革，逐步提高组织的工作效率。

b. 核桃生产协会。协会是从事核桃生产、销售和各项服务的多方面人员自愿结合在一起，共同探讨核桃产业化生产过程中的问题，共谋核桃发展对策的群众组织。它起着连接市场和基地、上层技术人员与农民、农民与农民的多重纽带作用，尤其在传播新技术、普及常规技术、及时解决生产过程中出现的技术问题等技术服务环节上，更具有非常重要的作用。核桃生产协会的建设，对核桃生产信息和技术的传播至关重要，组织内部的双向沟通及与农民的协调较好，一般解决的都是生产中或市场上急待解决的问题，不像其他大多数机构那样主要面向信息，容易与实际脱节。因此，这种组织形式的效率很高。但是，他们往往缺乏资金，组织的延续发展比较困难。并且，这种组织具有独立性，与国家行政机构之间的协调比较麻烦，政府对它的约束力较差。同时，它与其他组织的协调或联合没有可靠的保证。因此，各级政府部门要积极扶植和支持核桃协会的工作，使他们不断完善、不断发展，逐渐成为具有综合功能的、具有一定经济实力的组织。

c. 龙头企业的技术服务部。龙头企业是核桃产业化生产的领头羊，既具有技术示范作用，又具有培训功能，还具有创造知名品牌、开拓市场的使命。因此，对于它要在市场上推出产品的生产技术要求，具有让生产者全面掌握的责任。生产者技术的好坏，决定了产品的质量和数量。为了企业本身的利益，它也要加大技术推广服务的力度。它是一个清楚的表明推广目的和方法并能控制其发展的权威组织结构，有时比政府推广机构的推广工作更为有效，且官僚主义较少。因此，龙头企业的技术服务部是当前技术服务体系中不可低估的、最具生命力的一支队伍。

d. 大专院校、科研院所的专家。大专院校、科研院所的专家既是先进技术的创造者，也是先进技术的推广者，他们进行的技术示范是最好的技术服务。因此，他们在核桃产业化生产技术服务体系中，也是一支最具实力的、水平最高的、服务最到家的队伍。科研单位承担新技术的试验研究，为推广部门提供科研成果，同时，结合科研开展部分技术开发和成果推广工作。教育部门可为推广部门培训人才，也进行科学研究，为推广部门提供科研成果，另外，还进行一些与教学相结合的推广工作。推广部门推广科研成果，并向研究单位反馈成果推广应用的情况，提出应用过程中的新发现和新问题，以完善科技成果、提出新的课题，向教育部门提供生产第一线的实际资料和学生实习的场所，以丰富教学内容，改进教学方法。

e. 其他开放式大众媒体。开放式大众媒体如广播、电视、报纸、杂志、广告等，在技术服务中起着不可忽视的作用，它们具有传播时空范围广、传播对象广、形式灵活多样等特点，是先进技术的普及推广体系中不可缺少的组成部分。

（4）产前产中产后物资服务体系

物资服务体系是产业化生产的基本保障。物资服务体系建设的好坏直接关系到产品质量的好坏、生产成本的高低、先进技术的执行程度。因此，核桃产业化生产体系中，要高度重视物资服务体系建设，形成多渠道、多网络、多形式的物资服务系统，保证让农民和中间加工者得到最便宜、质量最好的生产资料和其他物资，从而提高经营的经济效益。

（5）初级产品产后加工体系

过去的核桃生产，基本上是生产核桃果实，然后以最初级的商品进行出售。这样，大量的中间加工利润丢失了。为了提高农民和农村种植核桃的经济效益，必需在核桃产地发展核桃加工产业，以便将核桃加工的增值利润最大限度地留在农村。因此，核桃初级产品产后加工体系是增强核桃产业化生产发展后劲、提高经济效益的重要组分。

（6）规模化商品生产基地

规模化商品生产基地建设，是核桃产业化生产最基本条件。没有规模化的基地，其他体系都无从谈起，因此，必需认真抓好规模化生产基地的发展。

13.2 核桃产业化体系的组织形式

根据核桃产业化经营的内容、组织结构和利益关系的不同，可以把核桃产业化经营模式划分为很多种。按核桃产业化龙头带动作用的性质划分为："龙头"企业带动型、市场带动型、中介组织带动型、合作经济组织带动型、主导产业带动型、综合开发集团带动型。

13.2.1 "龙头"企业带动型——公司+基地+农户

"龙头"企业带动型，以公司或集团企业为主导，以农产品加工、运销企业为"龙头"，重点围绕一种或几种产品的生产、加工、销售，与生产基地和农户实行有机的联合，进行一体化经营，形成"风险共担，利益共享"的经济共同体。在实际运行中，公司企业联基地，基地联农户，进行专业协作。这种形式在种植业、养殖业特别是外向型创汇农业中最为流行，各地都有较普遍的发展。

这种"公司+基地+农户"的组织形式，由公司强化核桃资源开发，增加产出，并使其增值，统一组织运销，尤其适合在市场风险大、技术水平高、分工细、专业化程度高，以及资金技术密集型生产中发展。因此，这种类型对公司各方面的要求较高，它应以充足的资金为基础，以先进技术和高新技术为先导，具有高效率的管理能力，从而达到产品的高技术含量、高产出率、高附加值，在国内外市场顺利畅销。

这种类型主要特点是公司企业与农产品生产基地和农户结成紧密的贸、工、农一体化生产体系，其最主要和最普遍的联结方式是合同（契约）。公司、企业与生产基地、村或农户签订产销合同，规定签约双方的责权利，企业对基地和农户具有明确的扶持政策，提供全过程服务，设立产品最低保护价并保证优先收购；农户按合同规定，定时定量向企业交售优质产品，由公司企业加工、出售制成品。公司+农户的核桃产业组织能否有效运转的关键取决于公司作为"龙头"企业与农户的利益契合程度。当利益一致时，就可以使之达到完全一体化的水平；反之，则是一种随时可能解体的准一体化。

如武安市晶品果业有限公司及其相关企业，是一个以核桃种植示范、初加工、核桃油以及核桃蛋白粉加工为主体的连贯作业体系，是由独资企业、乡村集体经济组织配套和农户"三大块"相结合的多层次、多成分的具有雄厚经济实力和较强竞争能力的企业。该企业年核桃加工能力3000余t，销售食用核桃400余t，拥有基地农户2800余户，在武安市果品生产中起着决定性的作用。

13.2.2 市场带动型——专业市场+基地农户

市场带动型产业经营模式是指有一个专业批发市场为主与几个基地收购市场组成的市场群体，其中区域性专业批发市场应具有较完备的软硬件服务设施和措施，并且具有较大的带动力，带动周围大批农民从事核桃产品的商品生产和中介贩卖活动，形成一个规模较大的核桃产品商品生产基地和几个基地收购市场，使区域性专业批发市场不仅成为基地核桃产品的集散中心，而且成为本省乃至全国范围的核桃产品集散地。

以专业市场或专业交易中心为依托，拓宽商品流通渠道，带动区域专业化生产，实行产加销一体化经营，扩大生产规模，形成产业优势，节省交易成本，提高运销效率和经济效益。目前，这种模式主要适用于加工层次少、只进行初级分类整理即可出售的核桃产品产业化经营，其在“风险共担”和“利益共享”方面还有待发育完善。

13.2.3 中介组织带动型——“农产联”企业+农户

以中介组织为依托，在某一产品再生产全过程的各个环节，实行跨区域联合经营，逐步建成以占领国际市场为目标，企业竞争力强，经营规模大，生产要素大跨度优化组合，生产、加工、销售相联结的一体化经营企业集团。目前，这种类型的中介组织主要是行业协会，尤以“山东省农产品生产加工销售联席会议”（“农产联”）为典型代表。

“农产联”在功能上近似“欧佩克”组织在中国农业产业一体化经营中的运用，对农业产业一体化经营的发展有较大的推动作用。一是沟通信息，“农产联”通过沟通信息，为县市政府和企业及时提供国内外市场、原料生产、加工企业、科学技术、经营管理等方面的动态信息，避免在生产、加工、销售中的盲目和无序竞争，以减少企业和农民的损失。二是协调关系，通过协调与上级、县市政府之间的关系，一方面争取省（市、自治区）和国家有关部门的支持；另一方面避免不正当竞争，以扬长避短，发挥各自优势，加快市场农业的发展。三是合作开发，目前，“农产联”正在市场、产品、人才和生产企业四个方面进行合作开发，以期进一步提高企业素质、人才素质和产品素质，更高效地开拓国内外市场。

山东“农产联”虽然属于松散型组织，但它在促进农业产业化经营发展方面的有益尝试，对政府如何发挥其对农业的适度调控职能提供了重要的借鉴，具有重要意义。

13.2.4 合作经济组织带动型——合作经济组织+基地农户

近年来，各地出现农民自办或在政府引导下办起的各种专业协会、合作专业协会、专业合作社等经济组织登上了核桃产业一体化经营的前台。这些经济合作组织是农民面对社会大市场，为发展商品经济而自愿地或在政府引导下组织起来的，具有明显的群众性、专业性、互利性和自助性，都有正式的章程和会员证。专业协会一般是以协会为依托，创办各类农产品生产、加工、服务、运销企业，组织农民进入大市场。合作组织负责组织生产、引进良种、技术指导和收购产品、进行加工或销售等活动；农户按照合作组织的要求进行生产和出售农产品。这种利益紧密结合的产业经营模式，容易被广大农户接受。

农民专业协会和专业合作社在市场交易中显示出合作经济的优势，正在成长为农村中一支重要力量，具有非常广阔的发展前景。可以预料，合作经济组织将会成长为我国农业产业化经营的重要组织模式。国际经验证明，没有发达的合作经济，就不会有全国规模的农业产业化经营，也就不会有发达的现代市场经济。我们认为，合作社或专业协会作为广大农民联合自助性组织，组织农民共同进入社会化大市场，将市场关系内部化，形成合作机制，有效地调节和实现成员之间的合法权益，合理分享市场交易利益，比其他组织更直接、更为农民所信赖。正是由于这种缘故，合作经济组织应当作为聚合性微观经营主体来对待，单独列为农业产业一体化经营的一种组织模式，而不再将其归入与其不相同的“农产联”之类的中介组织。

13.2.5 主导产业带动型——主导产业+基地农户

许多地方从利用当地资源、发展特色产业和产品入手，多种经营起步，走产业化经营之路，发展一乡一业、一村一品，逐步扩大经营规模，提高产品档次，组织产业群、产业链，形成区域性主导产业和拳头产品。

在那些经济不发达、基础薄弱的贫困山区，靠支柱产业启动，充分发挥当地资源优势，同样可以发展产业化经营。可以设想，各地成片的荒废草地及其他可供开发的荒废地资源，从一开始就按照产业化经营思想进行设计规划，经过若干年的开发建设，就能够形成新的主导产业和新的生产系列，从而使当地变成经济富裕并对国家做出显赫贡献的地区。

13.2.6 综合开发集团带动型——开发集团+基地农户

农业综合开发集团带动型是指一些企业集团根据市场需要，发展某种支柱产业项目，并转包给农民，按照合同规定，实行统一品种、统一技术措施、统一收获期、统一收购、统一加工销售等，开发集团为农户提供全方位的服务，承包农户与综合开发集团形成利益共同体的一种产业化经营的模式。这是与“龙头”企业带动型具有相似性，同时又有区别的、别具特色的一种类型。例如“河北富岗食品有限责任公司”，就是别具一格的很有特色的企业集团。

此外，各种组织模式的划分是相对而言的，各地还涌现出各种各样的“产学研”相结合的组织模式，可以预料，随着我国农业的不断发展和市场经济的不断完善，核桃产业化经营还会出现其他新的组织模式。

13.3 核桃产业化生产体系的建设途径

13.3.1 政府推动，营造良好环境

（1）创造环境

在实施过程中，首先要通过政府出台相关的经济支持政策，营造良好环境、创造适宜条件。同时，政府要成立相应的领导组织，如核桃产业化领导办公室等，专门协调处理有关事宜。

（2）加强领导

市、县政府均要制订开发规划及实施方案，成立领导小组，并结合当地实际，制订相关的优惠政策，调动各开发主体的积极性。

（3）保证资金

加大政府科技投入，引导其他部门的配套资金、吸引民间资金和银行贷款，为核桃产业化提供资金保障。

13.3.2 市场牵动，优化资源配置

核桃产业化生产要着眼于国内外市场需求，围绕农业结构调整、农民增收

致富和生态环境建设，以名优绿色核桃的规模化、集约化为目标，着力研究关键性技术难题，研究、开发推广标准化技术体系，推动该特色产业成为当地经济发展的支柱。要在良好的市场行情牵动下，将技术人才、实力企业家、广大农户和荒山荒地资源调节到核桃产业化生产体系中来，使最优的资源集中分配到核桃产业化方面。

13.3.3 多方联动，增强开发合力

核桃产业化生产，是一个复杂的系统工程，包含着生产、管理、经营、技术和市场等许多环节，不是单靠某几个人或某个部门实现的。此项事业必须在各级政府的统一部署下，由科技部门或农林部门牵头总抓，有关部门密切配合，分工合作、协调联动，开展一体化服务，政策落实到位、技术服务到位、资金扶持到位、物资供应到位，使“权力、智力、财力、物力”四力合一，才能保障核桃产业化的有效推进。

13.3.4 示范带动，加速成果转化与开发进程

示范用具体生动的实物现场，说明新技术可以在当地应用及其优越性，以引起农民采用新技术的兴趣，从而达到推广新技术的目的。示范一般布点在农民的地里，农民可以看得见、摸得着、说服力较强，农民易于理解和接受。因此，实现优质核桃产业化生产、推广普及先进技术的关键手段是示范带动。在重点抓好核心示范基地的基础上，通过技术指导、技术服务、技术承包、技术入股、技术培训、技术咨询“六技”，推动核桃科技成果的转化，加速核桃产业化进程。

参考文献

1. 陶正平，潘洪玉．绿色食品·2003．蔬菜发展技术指南［M］．北京：中国农业出版社.

2. 中华人民共和国农业行业标准．绿色食品产地环境技术条件［S］．NY/T 391—2000

3. 中华人民共和国农业行业标准．绿色食品农药使用准则［S］．NY/T 393—2000

4. 中华人民共和国农业行业标准．绿色食品肥料使用准则［S］．NY/T 394—2000

5. 郗荣庭，刘孟军．中国干果．2005．［M］北京：中国林业出版社.

6. 郗荣庭，张毅萍主编．1992．中国核桃．北京：中国林业出版社.

7. 张玉星．2003．果树栽培学各论（第3版）［M］．北京：中国农业出版社.

8. 郗荣庭，张毅萍．中国果树志．核桃卷［M］．1996．北京：中国林业出版社.

9. 张美勇，徐颖，马凤贤．2000．核桃（*Juglans regia*）的无融合生殖能力［J］．果树科学，2000，17（4）：314～316.

10. 刘鹏，刘庆忠，赵红军，等．2003．核桃光合作用特性的初步研究［J］．落叶果树，（4）：1～3.

11. 曹子刚．1995．北方果树病虫害防治［M］．北京：中国农业出版社.